中等职业学校公共基础课程配套学习用书

信息技术

学习指导练习册

下册

主　编：杨　彧　喻　铁

副主编：陶　建　杨　异　林存燕　杨剑涛

参　编：陈　艳　龚永明　胡　红　刘莫霞　陶雪莲　苏　军　万钊友　韦　煜　向　琼　胥正林　杨　舟　朱　勇

北京理工大学出版社

BEIJING INSTITUTE OF TECHNOLOGY PRESS

内 容 简 介

本书是中等职业学校公共基础课程国家规划教材《信息技术（基础模块）下册》的配套用书，依据《中等职业学校信息技术课程标准（2020年版）》编写。本书包括活用数据处理、程序设计入门、制作数字媒体作品、信息安全基础、人工智能初步5个专题。本书作为教材的延伸，通过“任务目标”“任务梳理”“知识进阶”“例题分析”“练习巩固”等栏目的设计，系统地对教材内容进行梳理，从提高学生学习兴趣到检测学生学习效果，再到拓展学生学习视野和激发学生自主学习动力等方面，均提供了全方位的指导和练习，有助于学生增强信息意识、发展计算思维、提高数字化学习与创新能力、树立正确的信息社会价值观和责任感，培养符合时代要求的信息素养与适应职业发展需要的信息能力。

本书除了可作为练习册供学生使用外，还可作为综合辅助材料配合教师的教学工作。

图书在版编目（CIP）数据

信息技术学习指导练习册．下册 / 杨彧，喻铁主编
．-- 北京：北京理工大学出版社，2022.8
ISBN 978-7-5763-1437-3

Ⅰ．①信… Ⅱ．①杨… ②喻… Ⅲ．①电子计算机 - 中等专业学校 - 习题集 Ⅳ．①TP3-44

中国版本图书馆 CIP 数据核字（2022）第 110504 号

出版发行 / 北京理工大学出版社有限责任公司
社　　址 / 北京市海淀区中关村南大街 5 号
邮　　编 / 100081
电　　话 /（010）68914775（总编室）
（010）82562903（教材售后服务热线）
（010）68944723（其他图书服务热线）
网　　址 / http://www.bitpress.com.cn
经　　销 / 全国各地新华书店
印　　刷 / 定州市新华印刷有限公司
开　　本 / 889 毫米 ×1194 毫米　1/16
印　　张 / 8.5
字　　数 / 150 千字
版　　次 / 2022 年 8 月第 1 版　2022 年 8 月第 1 次印刷
定　　价 / 25.00 元

责任编辑 / 陈莉华
文案编辑 / 陈莉华
责任校对 / 刘亚男
责任印制 / 边心超

前　言

近年来，我国职业教育事业快速发展，体系建设稳步推进，培养了大批中、高级技能型人才，为提高劳动者素质、推动经济社会发展和促进就业作出了重要贡献。为加快发展现代职业教育，党中央、国务院对职业教育发展做出重大战略部署，明确要求全面提升职业教育专业设置、课程开发的专业化水平。在这一背景下，编者就中等职业学校公共基础课程改革做了全面了解，特别是对经济新常态下中等职业学校公共基础课程教材的开发建设进行了有针对性的调查和探讨。

在相关研究基础上，编者认真学习《国家职业教育改革实施方案》有关部署，深化职业教育“三教”改革，全面提高人才培养质量，按照《职业院校教材管理办法》《中等职业学校公共基础课程方案》等相关文件的精神要求，系统研读《中等职业学校信息技术课程标准（2020年版）》。根据有关规定要求，组织学科专家、科研院所、中高职学校课程专家、相关领域头部企业、教学研究人员、一线教师共同组成研究、编写队伍，开发了中等职业学校公共基础课程国家规划教材《信息技术（基础模块）上册》《信息技术（基础模块）下册》等6册教材。

为了配合信息技术课程基础模块上、下册教材的使用，编者组织编写了《信息技术学习指导练习册（上册）》《信息技术学习指导练习册（下册）》两本练习册。练习册呈现出以下几个方面的特点。

（1）注重课程思政的有机融合。深入挖掘学科思政元素和育人价值，把职业精神、工匠精神、劳模精神和创新创业、生态文明、乡村振兴等元素有机融合，达到课程思政与技能学习相辅相成的效果。

（2）紧密围绕学科核心素养、职业核心能力，促进中职学生的认知能力、合作能力、创新能力和职业能力的提升。

（3）遵循中职学生的学习规律和认知特点。本书设置了“任务目标”“任务梳理”“知识进阶”“例题分析”“练习巩固”等栏目，从提高学生学习兴趣到检测学生学习效果，再到拓展学生学习视野和激发学生自主学习动力等方面，均提供了全方位的指导和练习。

编者真诚地欢迎各位同仁批评指正，以期更好地服务于中等职业学校公共基础课程教材体系建设。反馈邮箱：bitpress_zzfs@bitpress.com.cn。

编　者

目 录

MULU

专题 4 活用数据处理

专题 5 程序设计入门

专题 6 制作数字媒体作品

专题 7 信息安全基础

专题 8 人工智能初步

专题4 活用数据处理

专题目标

（1）能使用不同的信息技术工具收集生活、学习和工作中的数据。
（2）能增加、删除、修改、查询数据，并能美化数据表。
（3）能根据需求对数据进行计算、汇总、排序、筛选。
（4）能根据需求实施数据分析，形成可视化报表。
（5）理解大数据的作用及应用场景。

任务1 采集数据

任务目标

◎使用各种信息技术工具收集生活、学习和工作中的数据；
◎能增加、删除、修改、查询数据；
◎能美化数据表；
◎能保护数据表。

任务梳理

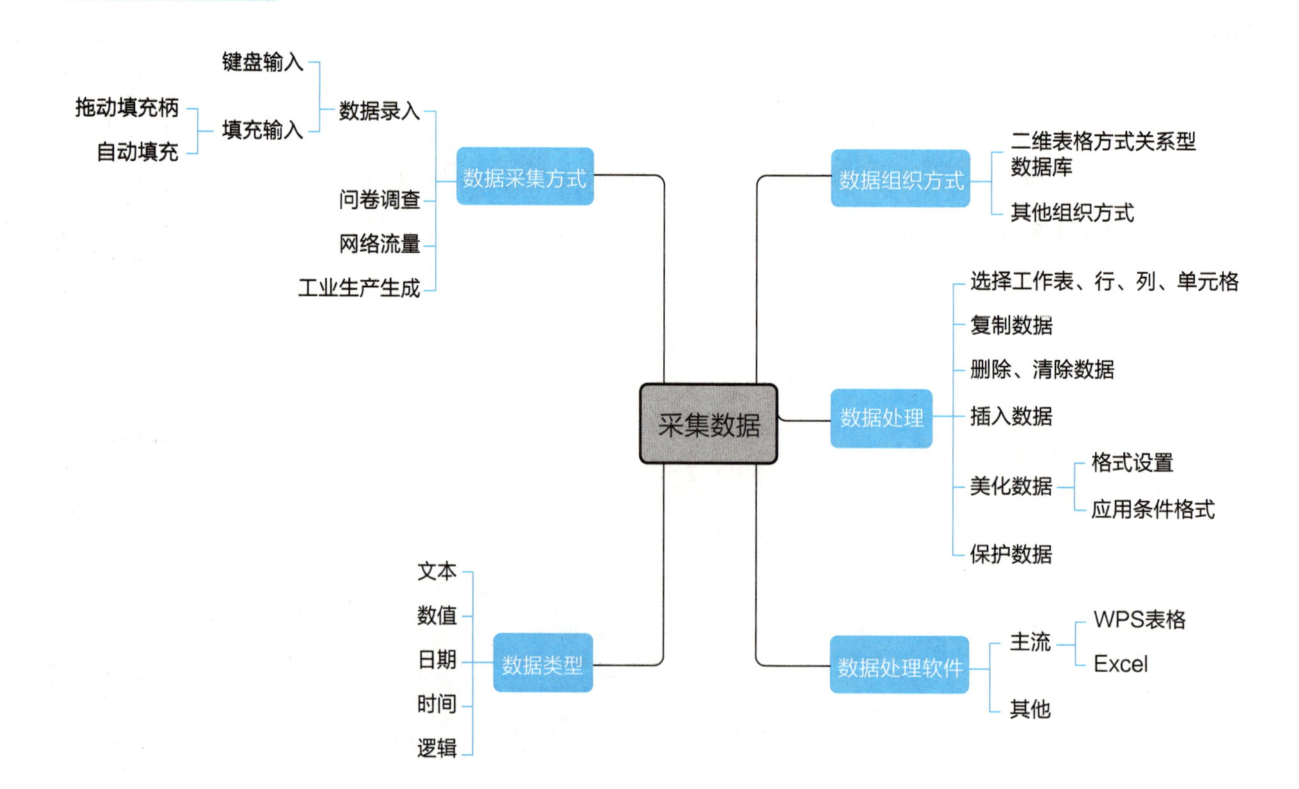

知识进阶

一、冻结窗口的方法

打开“幸福小区老年居民信息表”，选择第 C 列，在“视图”选项卡中，单击“冻结窗格”，在下拉菜单表中选择“冻结至 B 列”，当拖动滚动条左右移动窗口时，左侧的两列将固定不动。

如果只保留首行或首列冻结，其他行或列可滚动时，可选择“冻结首行”或“冻结首列”命令，这样就可方便地浏览、修改数据。

要取消冻结的窗格，在“视图”选项卡中的“冻结窗口”下拉菜单中，选择“取消冻结窗口”下拉列表命令。

二、应用统计助手小程序

除了问卷星、腾讯文档等平台可以制作问卷，我们还可以用统计助手小程序打卡接龙、服务预约、作业统计、活动报名、会场服务、调查投票、通知公告、商品团购等，如图 4-1 所示。

图 4-1　统计助手小程序

在微信等应用程序中选择“小程序”，输入并查找“统计助手”小程序，按向导设置统计内容，如图 4–2 所示。

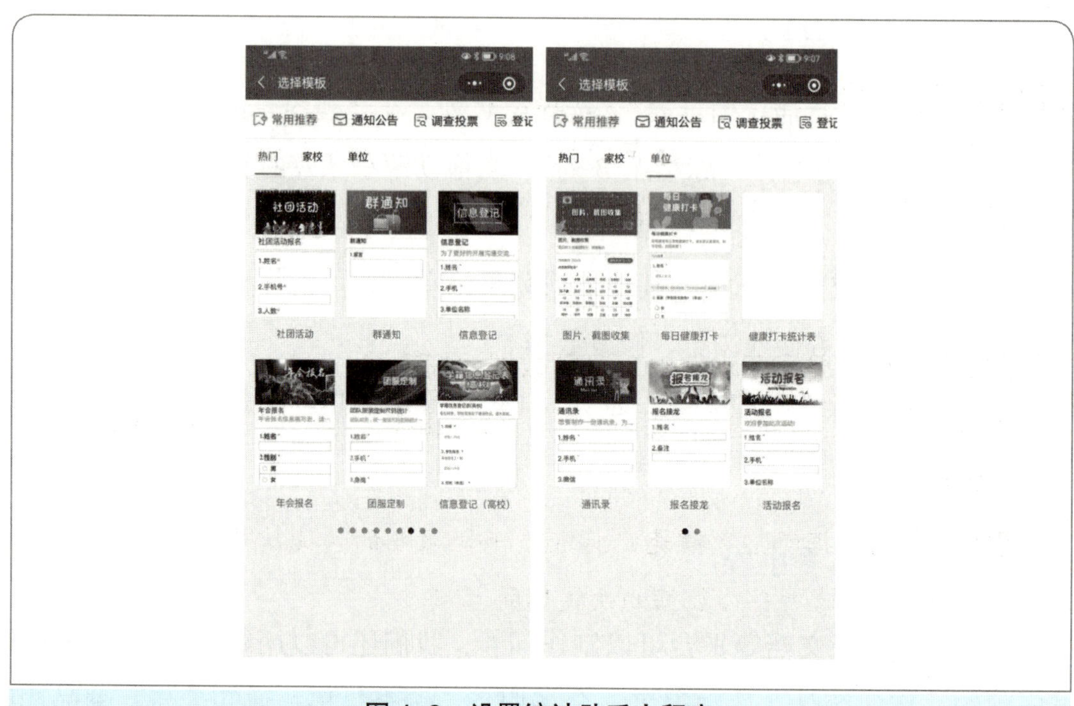

图 4–2　设置统计助手小程序

例如，为弘扬敬老爱老的优良传统，幸福小区居委会于 2021 年 10 月 14 日（重阳节）上午 10 点在老年活动中心为幸福小区 60 岁以上的老年朋友举办了一个茶话会，为统计参与人员，需要设计一个网络活动报名统计表，如图 4–3 所示。

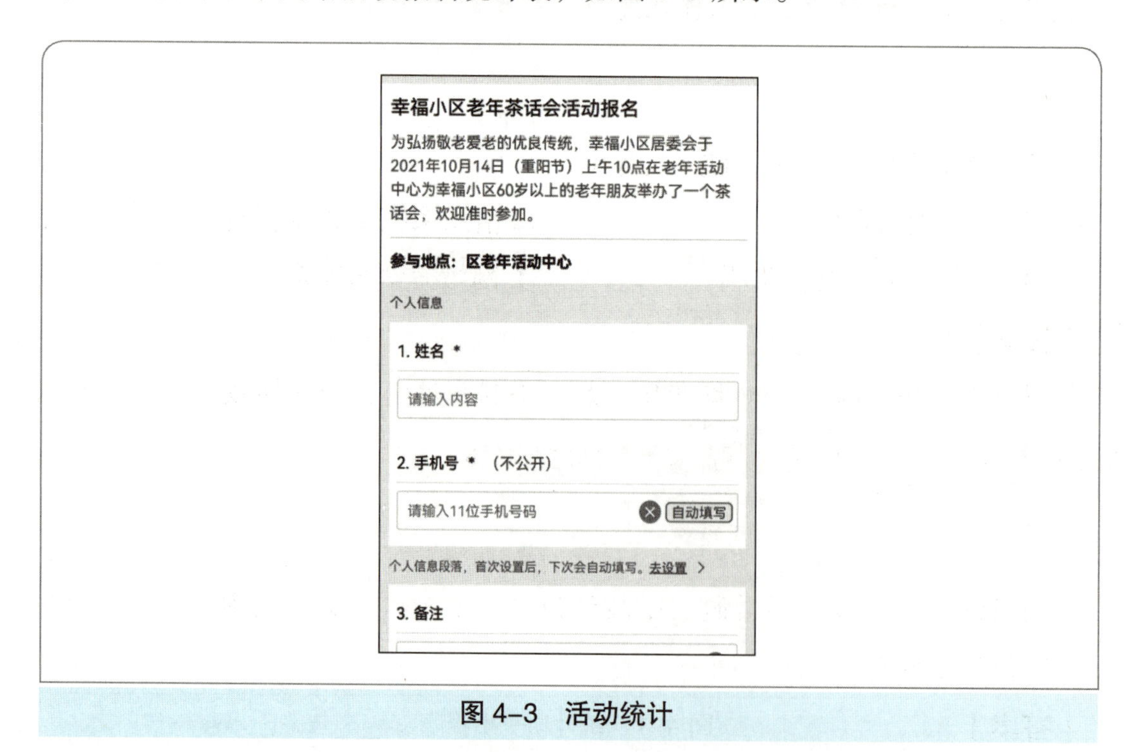

图 4–3　活动统计

例题分析

例题 1

【填空题】获取数据一般采用调查问卷的方式，主要包括________和________。

【答案】实地问卷调查　网络问卷调查

【解析】调查问卷主要包括实地问卷调查和网络问卷调查。

例题 2

【单选题】在数据处理软件中，复制数据的快捷键是（　　）。

A. Ctrl+A　　B. Ctrl+C　　C. Ctrl+V　　D. Ctrl+X

【答案】B

【解析】复制数据的快捷键是 Ctrl+C，粘贴数据的快捷键是 Ctrl+V，剪切数据的快捷键是 Ctrl+X，选中全部数据的快捷键是 Ctrl+A。

例题 3

【单选题】数据处理的首要工作是（　　）。

A. 数据处理　　B. 保护数据表　　C. 数据采集　　D. 美化表格

【答案】C

【解析】数据处理的首要工作就是数据采集。

例题 4

【多选题】人们采集数据的方式有（　　）。

A. 通过键盘输入数据　　B. 信息系统业务流程自动产生和存储

C. 数据通过仪器设备监测　　D. 网络搜索与爬取

【答案】ABCD

【解析】数据采集又称数据获取，是人们利用键盘、物联网设备、网络收集或分析得到外部数据，并存储到信息系统的过程。

例题 5

【判断题】输入以电话号码、邮政编码、身份证号等数字为主的文本，可以用逗号“,”作为引导符。（　　）

【答案】×

【解析】输入以电话号码、邮政编码、身份证号等数字为主的文本，要用单引号“'”作为引导符，如输入编号“001”、电话号码“13012345678”、身份证号“110101202301011234”等要先输入符号“,”，再输入数字。

练习巩固

一、填空题

1. 电子表格中的文本由________、________和________组成，包括中文、英文字母等。

2. 目前使用比较广泛的数据处理软件或平台主要有________、________等。

3. 常用到的________软件采用了关系模型组织数据。

4. 电子表格中某一时刻只有________个活动单元格。

5. 工作表数据若不允许其他用户编辑修改，可使用________功能。

二、单项选择题

1. 在电子表格工作表中进行智能填充时，鼠标的形状为（　　）。

A. 实心细十字　　B. 向右上方箭头　　C. 空心粗十字　　D. 向左上方箭头

2. 在电子表格中，执行“开始”选项卡中的“清除”命令，不能实现（　　）。

A. 清除单元格中的数据　　B. 移去单元格

C. 清除单元格数据的格式　　D. 清除单元格的批注

3. 在电子表格中，给当前单元格输入数值型数据时，默认为（　　）。

A. 右对齐　　B. 随机　　C. 居中　　D. 左对齐

4. 在电子表格中要录入如公民身份证号、电话号码等信息，单元格数字分类应选择（　　）格式。

A. 常规　　B. 数字（值）　　C. 科学计数　　D. 文本

5. 在电子表格中，关于选择性粘贴有以下四种说法，不正确的是（　　）。

A. 选择性粘贴可以实现无格式文本粘贴

B. 选择性粘贴可以粘贴 HTML 格式文本

C. 选择性粘贴能够将电子表格工作簿文件中的数据动态地呈现在电子文稿中

D. 选择性粘贴与普通粘贴的效果一样

6. 在电子表格单元格中输入日期时，年、月、日分隔符可以是（　　）。

A. / 或 \　　B. \ 或 -　　C. / 或 -　　D. - 或 |

7. 在电子表格单元格中输入正文时以下说法不正确的是（　　）。

A. 若输入数字过长，电子表格会将其转换为科学记数形式

B. 输入过长或极小的数时，电子表格无法表示

C. 在一个单元格中可以输入多达 255 个非数字项的字符

D. 在一个单元格中输入字符过长时，可以强制换行

8. 用户在电子表格工作表中输入日期，不符合日期格式的形式是（　　）。

A. 04-0CT-2021　　B. ‘20-02-2022’　　C. 2022/20/01　　D. 2022-10-04

9. 在电子表格中，撤消最后一个动作，除了用菜单命令和工具栏按钮之外，还可以用快捷键（　　）。

A. Ctrl+W　　B. Ctrl+Z　　C. Shift+X　　D. Shift+Y

10. 在电子表格中，快捷键 Ctrl+V 的功能是（　　）。

A. 保存文件　　B. 粘贴数据　　C. 复制数据　　D. 删除数据

三、多项选择题

1. 在电子表格中录入数据的方式主要包括（　　）。

A. 键盘逐一录入数据　　B. 用填充命令录入数据

C. 语音录入　　D. 拖动填充柄录入

2. 工作表中的数据有很多种类型，下列数据类型正确的有（　　）。

A. 逻辑、字符、数值、时间　　B. 字符、数值、日期、文本

C. 字符、逻辑、数值、日期　　D. 字符、数值、日期、时间

3. 下列（　　）平台可以制作电子版调查问卷。

A. 抖音　　B. 淘宝　　C. 问卷星　　D. 腾讯问卷

4. 数据的采集涉及的步骤有（　　）。

A. 获取数据　　B. 输入数据　　C. 编辑数据　　D. 格式化数据表

5. 工作表操作时，可以使用快捷菜单命令完成的有（　　）。

A. 重命名　　B. 删除　　C. 复制　　D. 移动

四、判断题

1. 在电子表格中只能清除单元格中的内容，不能清除单元格中的格式。（　　）

2. 在电子表格中，只能设置表格的边框，不能设置单元格边框。（　　）

3. 电子表格中，复制数据的快捷键是 Ctrl+C。（　　）

4. 电子问卷调查表比纸质问卷调查表获取数据的效率高。（　　）

5. 电子表格中，行用字母表示，列用数字表示。（　　）

任务 2 加工数据

任务目标

◎了解数据处理的基础知识；

◎会使用函数、运算表达式等进行数据运算；

◎能根据数据处理需求灵活利用数据处理软件的函数、运算表达式等功能进行必要的数据运算；

◎会对数据进行排序、筛选和分类汇总加工处理。

任务梳理

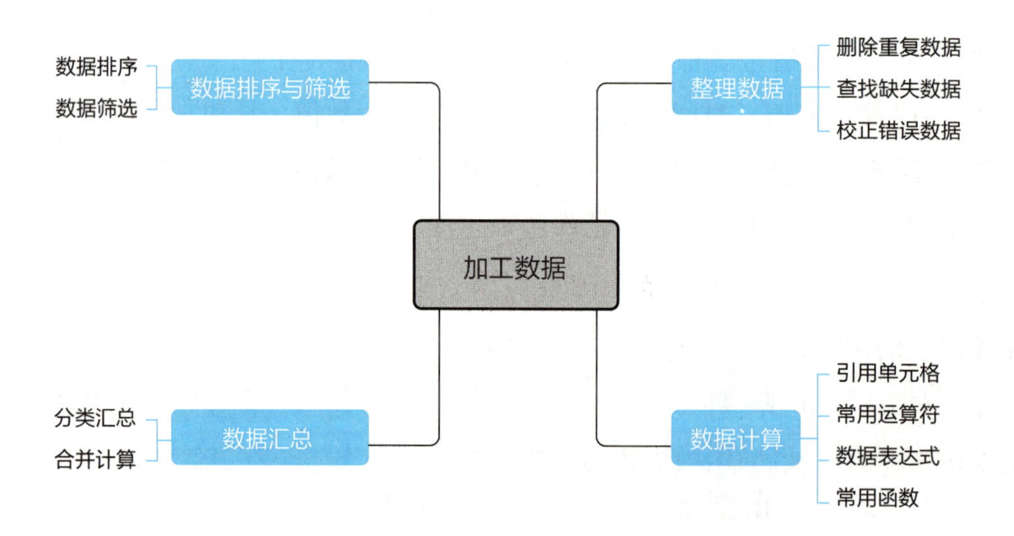

知识进阶

一、数据计算中公式的形式

公式的格式是：=< 表达式 >。表达式可以是算式表达式、关系表达式和字符串表达式等。表达式通常以“=”开始，表明“=”之后的内容为计算的公式或函数。等号之后是参与计算的操作数，各操作数之间以运算符、函数连接。如果表达式中同时用到多个运算符，电子表格将按照函数、括号、引用运算符、算术运算符、文本运算符、比较运算符的优先级进行运算。如果优先级相同，则从左到右进行计算。

二、函数的形式

函数一般由函数名和参数组成，形式为：函数名（参数表）。函数名由电子表格提供，函数名中的大小写字母等价；参数表由用逗号分隔的参数 1、参数 2、参数 N（$N \leqslant 30$）构成，参数可以是常数、单元格地址、单元格区域、单元格区域名称或函数等。

三、函数的分类

电子表格软件提供了大量的内置函数，这些函数涉及财务、工程、统计、时间、数学等多个领域。了解函数的总体情况，有助于我们对这些函数进行运用。根据函数的功能，主要可将函数划分为 10 个类型。函数在使用过程中，一般也依据这个分类进行定位，然后再选择合适的函数。

四、函数的操作方法

（1）使用“插入函数”对话框输入函数。单击编辑区的“*fx*”按钮，在弹出的“插入函数”对话框中输入函数名查找，或从类别中选择一个，如图 4–4 所示。

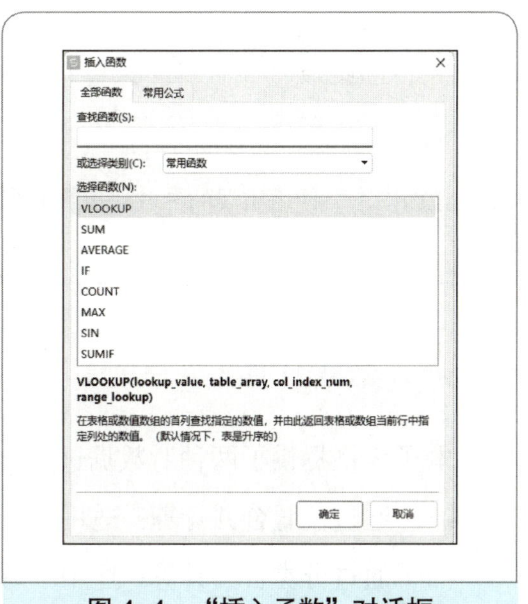

图 4–4　“插入函数”对话框

（2）手动输入函数。若对常用的函数比较熟悉，可在编辑区的编辑栏中直接输入函数名和对应参数。输入参数时，可用鼠标单击表格中的位置以快速引用单元格。这是最常用的一种输入函数的方法，也是最快的输入方法。

五、电子表格中常见的错误信息及解决方法

在数据处理中，难免遇到错误，如表 4–1 所示。

表 4-1 电子表格中常见的错误信息及解决方法

错误信息	错误原因	解决方法
#####	输入单元格中的数值太长或公式产生的结果太长，单元格容纳不下	适当增加列宽度
#DIV/0!	公式被 0（零）除	修改单元格引用，或者在用作除数的单元格中输入不为零的值
#N/A!	当在函数或公式中没有可用的数值时，将产生错误值 #N/A	如果工作表中某些单元格暂时没有数值，在这些单元格中输入 #N/A，公式在引用这些单元格时，将不进行数值计算，而是返回 #N/A
#NAME!	在公式中使用了电子表格不能识别的文本	确认使用的名称确实存在。如果所需的名称没有被列出，则添加相应的名称。如果名称存在拼写错误，则修改拼写错误
#NULL!	试图为两个并不相交的区域指定交叉点	如果要引用两个不相交的区域，使用联合运算符英文逗号“,”
# NUM!	公式或函数中某些数字有问题	单元格引用无效。检查数字是否超出限定区域，确认函数中使用的参数类型是否正确
#REF!	单元格引用无效	更改公式。在删除或粘贴单元格之后，立即使用“撤消”命令以恢复工作表中的单元格
#VALUE!	使用错误的参数或运算对象类型	确认公式或函数所需的参数或运算符是否正确，并且确认公式引用的单元格所包含地址均为有效的数值

六、合并计算

电子表格提供了两种对数据进行合并计算的方法：

（1）通过位置合并计算：适用于所有源区域中按同样的顺序和位置排列的数据。

（2）通过分类合并计算：适用于源区域以不同方式排列但相似的数据。

■ 例题分析

例题 1

【填空题】数据处理时需要保证数据质量，即保证数据的________、________、________。

【答案】准确性　完整性　统一性

【解析】数据处理时需要保证数据质量，即保证数据的准确性、完整性、统一性。

例题 2

【单选题】在电子表格中，对某个数据库进行分类汇总之前，必须先对数据(　　)。

A. 筛选　　B. 分类汇总　　C. 查找　　D. 排序

【答案】D

【解析】分类汇总是以某类别数据为基准或条件，对其他字段进行求和、计数等运算，因此必须先要将数据表按分类字段排序。

例题 3

【单选题】若要快速显示数据中符合条件的记录，可使用电子表格提供的(　　)功能。

A. 筛选　　B. 条件格式　　C. 数据有效性　　D. 排序

【答案】A

【解析】数据筛选是在工作表的数据清单中快速查找具有特定条件的记录。筛选后数据清单中只包含符合筛选条件的记录，便于浏览。

例题 4

【多选题】电子表格软件在对数据实施处理操作时能正确引用的单元格地址是(　　)。

A.C$25　　B.$D16　　C.A2$3　　D.$C$12

【答案】ABD

【解析】单元格地址引用方式有三种。绝对引用：在列号和行号前加一个“$”符号限定单元格地址，如“$F$5”。相对引用：使用单元格的列号和行号表示单元格地址，如“A7”。混合引用：在列号或行号前加一个“$”符号表示单元格地址，如“$C7”或“C$7”

例题 5

【判断题】电子表格软件对数据进行汇总时可以采用“数据筛选”和“合并计算”两种功能实现。（　　）

【答案】×

【解析】电子表格软件有“数据筛选”和“合并计算”两种功能实现数据汇总。

练习巩固

一、填空题

1. ________是指根据数据分析需求对数据进行编码、清洗、重组、运算等操作，使采集到的数据形成简洁、规范、清晰的样本数据。

2. 在电子表格中________函数可以用来查找一组数中的最大数。

3. 在电子表格的工作表中，若要对一个区域中的各行数据求平均值，应使用________函数。

4. 在电子表格中，对单元格的引用有________、________、________。

5. 常用函数中求数值、日期单元格个数是________。

二、单项选择题

1. 电子表格中，当操作数发生变化时，公式的运算结果（　　）。

A. 会发生改变　　B. 不会发生改变

C. 与操作数没有关系　　D. 会显示出错信息

2. 电子表格中，公式中运算符的作用是（　　）。

A. 用于指定对操作数或单元格引用数据执行何种运算

B. 对数据进行分类

C. 比较数据

D. 连接数据

3. 下面关于电子表格筛选掉的记录的叙述，（　　）是错误的。

A. 不打印　　B. 不显示　　C. 永远丢失了　　D. 在预览时不显示

4. 数据运算中公式总是以（　　）开头。

A. 单引号　　B. 等号　　C. 双引号　　D. 星号

5. 电子表格中公式“=AVERAGE（C4:C7）”等价于下列公式（　　）。

A. =（C4+C5+C6+C7）/4　　B. = C4+C5+C6+C7/4

C. 都对　　D. 都不对

6. 电子表格中，一个完整的函数包括（　　）。

A. “=”和函数名　　B. 函数名和常量

C. “=”、函数名和变量　　D. “=”和常量

7. 下面哪个不是电子表格公式中的运算符？（　　）

A. 引用运算符　　B. 算术运算符　　C. 函数运算符　　D. 文本运算符

8. 在电子表格软件的分类汇总功能中，默认的数据汇总方式是（　　）。

A. 求和　　B. 求最大值　　C. 求平均值　　D. 求最小值

9. 电子表格数据降序排列中，在排序列中有空白单元格的行会被（　　）。

A. 不被排序　　B. 放置在排序的最前面

C. 放置在排序的最后　　D. 保持原始次序

10. 电子表格中，公式是对工作表中的数值进行计算的等式，下列关于公式的说法，正确的是（　　）。

A. 公式必须以等号开头

B. 公式中的运算数不能使用“名称”

C. 一个公式中，必须包含一个或多个函数

D. 一个公式中不能包含多个单元格引用

三、多项选择题

1. 在电子表格中，单元格地址引用的方式有（　　）。

A. 相对引用　　B. 数据引用　　C. 混合引用　　D. 绝对引用

2. 有关数据排序，正确的是（　　）。

A. 可按数值大小排序　　B. 可按文本的 ASCII 值排序

C. 可按时间和日期的先后排序　　D. 可按行或列排序

3. 在单元格中输入数值 500，与它相等的表达式是（　　）。

A. 5000%　　B. =500/1

C. =SUM（320，180）　　　　D. :=average（500，500）

4. 分类汇总时，可设置的内容有（　　）。

A. 分类字段　　　　B. 汇总方式（如求和）

C. 汇总项　　　　D. 汇总结果显示在数据下方

5. 关于电子表格中数据加工的方法，下面说法正确的有（　　）。

A. 数据排序　　B. 数据运算　　C. 数据汇总　　D. 数据筛选

四、判断题

1. 在电子表格中，使用文本运算符“+”将一个或多个文本连接成为一个组合文本。（　　）

2. 在公式中输入“=$C3+$D4”表示对 C3 和 D4 的行、列地址绝对引用。（　　）

3. 比较运算符可以比较两个数值并产生逻辑值 TRUE 或 FALSE。（　　）

4. 电子表格的分类汇总只具有求和计算功能。（　　）

5. “<>”不属于电子表格软件中的算术运算符。（　　）

五、实践操作题

1. 使用公式进行数据计算。

打开“幸福小区业主物业费用统计表”工作簿“Sheet1”工作表，选中 K3 单元格，在编辑栏中输入公式“=（D3+E3+F3+G3+H3）–（I3+J3）”，按 Enter 键或单击编辑栏左侧的“√”按钮确认，如图 4-5 所示。往下拖动填充柄可计算所有户主的总物业费数据，如图 4-6 所示。

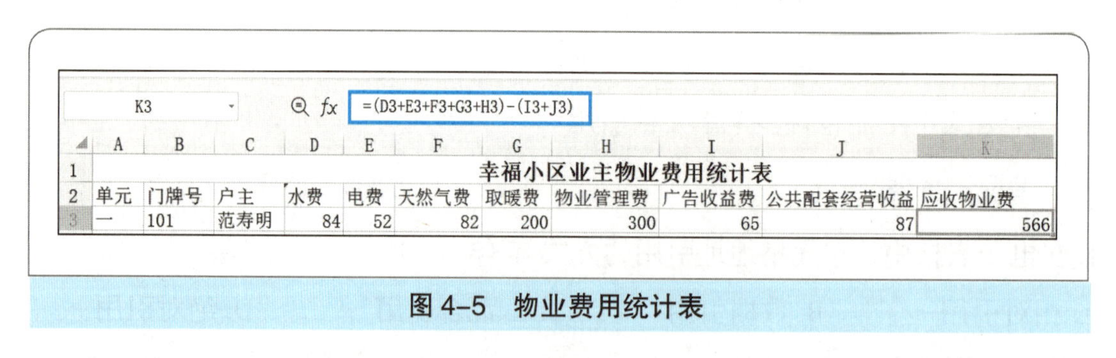

K3　fx　=(D3+E3+F3+G3+H3)-(I3+J3)

	A	B	C	D	E	F	G	H	I	J	K
1	幸福小区业主物业费用统计表										
2	单元	门牌号	户主	水费	电费	天然气费	取暖费	物业管理费	广告收益费	公共配套经营收益	应收物业费
3	一	101	范寿明	84	52	82	200	300	65	87	566

图 4-5　物业费用统计表

2. 使用函数进行数据计算。

打开“幸福小区业主物业费用统计表”工作簿“Sheet1”工作表，选中 D25 单元格，单击“开始”选项卡下的“求和”下拉按钮，在弹出的下拉菜单中执行“求和”命令，选择求和区域为 K3:K24 单元格区域，按 Enter 键即可。计算结果如图 4-7 所示。

幸福小区业主物业费用统计表

单元	门牌号	户主	水费	电费	天然气费	取暖费	物业管理费	广告收益费	公共配套经营收益	应收物业费
一	101	范寿明	84	52	82	200	300	65	87	566
一	102	胡闯	61	60	93	500	275	65	87	837
一	201	徐懿	50	68	61	180	300	65	87	507
一	202	阳文杰	31	76	46	360	275	65	87	636
一	301	程燕楠	35	55	42	360	300	65	87	640
一	302	杨道朋	63	57	84	270	275	65	87	597
二	101	王万红	51	64	44	600	337	65	87	944
二	102	陈福宇	76	52	31	450	375	65	87	832
二	201	邓雅婷	52	78	28	200	337	65	87	543
二	202	叶鑫	45	61	18	120	375	65	87	467
二	301	宋德虎	30	72	32	270	337	65	87	589
二	302	郝文英	65	69	35	300	375	65	87	692
二	401	杨林	28	81	56	260	337	65	87	610
二	402	刘春利	34	84	50	600	375	65	87	991
三	101	吴成万	46	73	71	300	220	65	87	558
三	102	杨玉路	53	43	64	370	245	65	87	623
三	201	熊丹	48	86	75	270	220	65	87	547
三	202	曾丞	39	61	84	600	245	65	87	877
三	301	张强	62	101	44	450	220	65	87	725
三	302	丁雨	59	88	98	200	245	65	87	538
三	401	邢激	44	73	87	120	220	65	87	392
三	402	马虎洪	54	89	53	300	245	65	87	589

图 4–6 物业费计算结果

选中 D26 单元格，单击“开始”选项卡下的“求和”下拉按钮，在弹出的下拉菜单中执行“平均值”命令。设定计算区域为 H3:H24 单元格区域，按 Enter 键即可。计算结果如图 4–7 所示。

D25 =SUM(K3:K24)

幸福小区业主物业费用统计表

单元	门牌号	户主	水费	电费	天然气费	取暖费	物业管理费	广告收益费	公共配套经营收益	应收物业费
一	101	范寿明	84	52	82	200	300	65	87	566
一	102	胡闯	61	60	93	500	275	65	87	837
一	201	徐懿	50	68	61	180	300	65	87	507
一	202	阳文杰	31	76	46	360	275	65	87	636
一	301	程燕楠	35	55	42	360	300	65	87	640
一	302	杨道朋	63	57	84	270	275	65	87	597
二	101	王万红	51	64	44	600	337	65	87	944
二	102	陈福宇	76	52	31	450	375	65	87	832
二	201	邓雅婷	52	78	28	200	337	65	87	543
二	202	叶鑫	45	61	18	120	375	65	87	467
二	301	宋德虎	30	72	32	270	337	65	87	589
二	302	郝文英	65	69	35	300	375	65	87	692
二	401	杨林	28	81	56	260	337	65	87	610
二	402	刘春利	34	84	50	600	375	65	87	991
三	101	吴成万	46	73	71	300	220	65	87	558
三	102	杨玉路	53	43	64	370	245	65	87	623
三	201	熊丹	48	86	75	270	220	65	87	547
三	202	曾丞	39	61	84	600	245	65	87	877
三	301	张强	62	101	44	450	220	65	87	725
三	302	丁雨	59	88	98	200	245	65	87	538
三	401	邢激	44	73	87	120	220	65	87	392
三	402	马虎洪	54	89	53	300	245	65	87	589
应收物业费总计			14300							
户主平均应收物业费			650							

图 4–7 计算结果（平均值）

3. 数据排序。

打开“幸福小区业主物业费用统计表”工作簿“Sheet2”工作表，选中排序关键字段“取暖费”所在单元格 G2，单击“开始”选项卡，执行“排序”下拉菜单中的“自定义排序”命令，确认排序的数据区域为 A2 到 H24 单元格，设定主要关键字为“取暖费”，再单击“添加条件”按钮，增加次要关键字“电费”，检查两个关键列的“次序”为“升序”，即数据值从小到大排序，如图 4–8 所示。

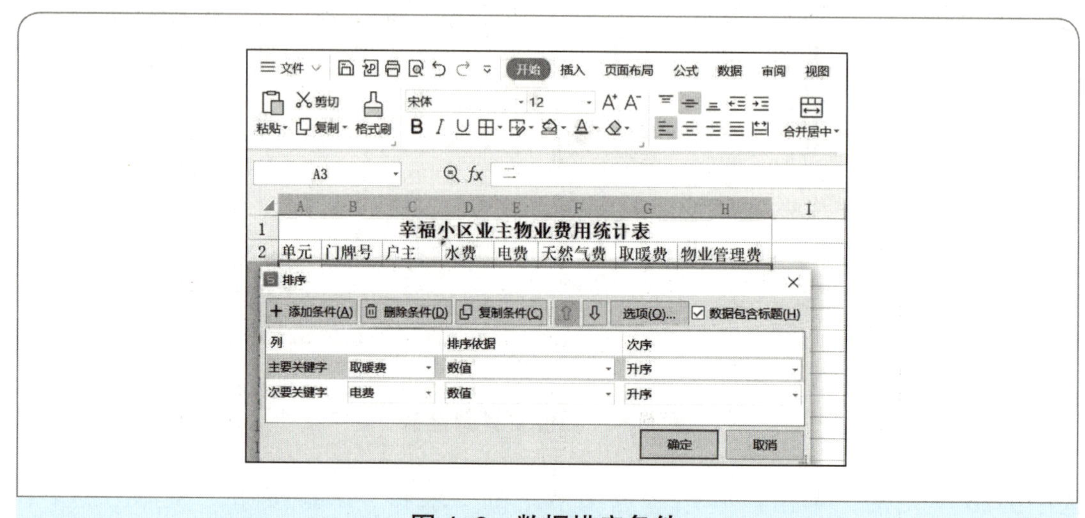

图 4–8 数据排序条件

4. 数据筛选。

打开“幸福小区业主物业费用统计表”工作簿“Sheet3”工作表，选中选定数据区域的任意单元格。直接单击“开始”选项卡下的“筛选”命令，数据表表头行出现下拉列表按钮区，单击“取暖费”后的下拉按钮，在打开的下拉列表框中单击“数字筛选”选项下的“大于或等于”菜单项，打开“自定义自动筛选方式”对话框，在右侧的文本框中输入“350”，单击“确定”按钮。再次单击“物业管理费”后的下拉按钮，在打开的下拉列表框中选择“数字筛选”选项下的“小于或等于”菜单项，打开“自定义自动筛选方式”对话框，在右侧的文本框中输入“300”，单击“确定”按钮。筛选结果如图 4–9 所示。

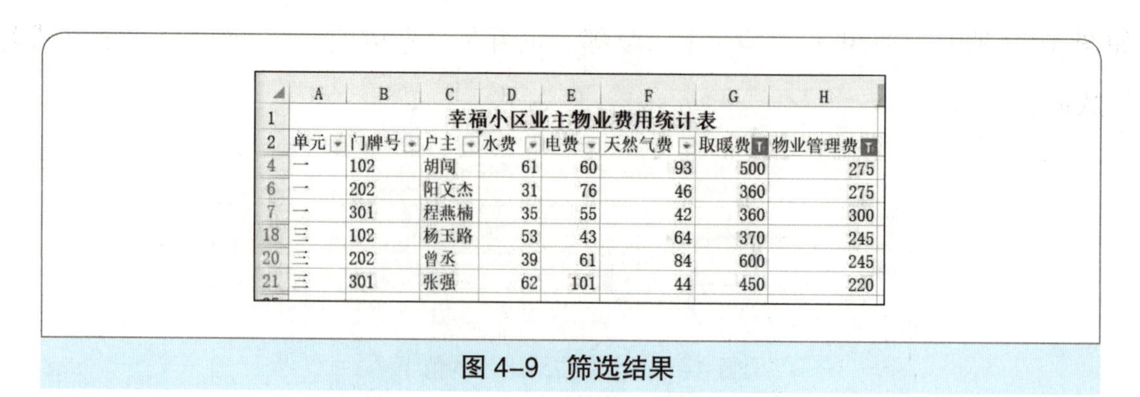

幸福小区业主物业费用统计表

	单元	门牌号	户主	水费	电费	天然气费	取暖费	物业管理费
4	一	102	胡闯	61	60	93	500	275
6	一	202	阳文杰	31	76	46	360	275
7	一	301	程燕楠	35	55	42	360	300
18	三	102	杨玉路	53	43	64	370	245
20	三	202	曾丞	39	61	84	600	245
21	三	301	张强	62	101	44	450	220

图 4–9 筛选结果

5. 分类汇总。

打开“幸福小区业主物业费用统计表”工作簿“Sheet4”工作表，选中需汇总的全部数据区域，以“单元”为关键字进行升序排序。排序时，在“排序”对话框中单击“选项”按钮，在弹出的“排序选项”对话框中选择“笔画排序”。然后，切换到“数据”选项卡，单击“分类汇总”按钮，在“分类汇总”对话框中选择分类字段为“单元”，选择汇总方式为“平均值”，选中“电费”和“取暖费”两个选项，勾选“汇总结果显示在数据下方”复选框，然后单击“确定”按钮。分类汇总结果如图 4-10 所示。

	A	B	C	D	E	F	G	H
1	幸福小区业主物业费用统计表							
2	单元	门牌号	户主	水费	电费	天然气费	取暖费	物业管理费
3	一	101	范寿明	84	52	82	200	300
4	一	102	胡闯	61	60	93	500	275
5	一	201	徐懿	50	68	61	180	300
6	一	202	阳文杰	31	76	46	360	275
7	一	301	程燕楠	35	55	42	360	300
8	一	302	杨道朋	63	57	84	270	275
9	一 平均值				61.3		311.67	
10	二	101	王万红	51	64	44	600	337
11	二	102	陈福宇	76	52	31	450	375
12	二	201	邓雅婷	52	78	28	200	337
13	二	202	叶鑫	45	61	18	120	375
14	二	301	宋德虎	30	72	32	270	337
15	二	302	郝文英	65	69	35	300	375
16	二	401	杨林	28	81	56	260	337
17	二	402	刘春利	34	84	50	600	375
18	二 平均值				70.1		350	
19	三	101	吴成万	46	73	71	300	220
20	三	102	杨玉路	53	43	64	370	245
21	三	201	熊丹	48	86	75	270	220
22	三	202	曾丞	39	61	84	600	245
23	三	301	张强	62	101	44	450	220
24	三	302	丁雨	59	88	98	200	245
25	三	401	邢激	44	73	87	120	220
26	三	402	马虎洪	54	89	53	300	245
27	三 平均值				76.8		326.25	
28	总平均值				70.1		330.91	

图 4-10 分类汇总结果

单击左上角分类级别按钮中的“1”，只显示总计；或单击“2”，只显示汇总结果，结果如图 4-11 所示；或单击“3”，显示全部。也可单击左侧的“+”或“-”，展开或隐藏详细数据。

	A	B	C	D	E	F	G	H
1	幸福小区业主物业费用统计表							
2	单元	门牌号	户主	水费	电费	天然气费	取暖费	物业管理费
9	一 平均值				61.3		311.67	
18	二 平均值				70.1		350	
27	三 平均值				76.8		326.25	
28	总平均值				70.1		330.91	

图 4-11 按组分类汇总折叠结果

6. 数据合并计算。

打开“幸福小区业主物业费用统计表”工作簿“Sheet5”工作表，选中存放汇总数据单元格的起始位置 A27 单元格，单击“数据”选项卡中的“合并计算”按钮，在“合并计算”对话框中设定“函数”下拉列表项为“求和”，单击“引用位置”文本框后面的折叠按钮，选择要合并计算的数据区域为 Sheet5 中 A2:F24 并返回，单击“添加”按钮，并将其添加到“所有引用位置”下面的文本框中。按照前述步骤，再次添加合并计算数据区域 H2:M24。然后，在“标签位置”中选择“首行”和“最左列”，如图 4–12 所示。最后，单击“确定”按钮，完成合并计算。

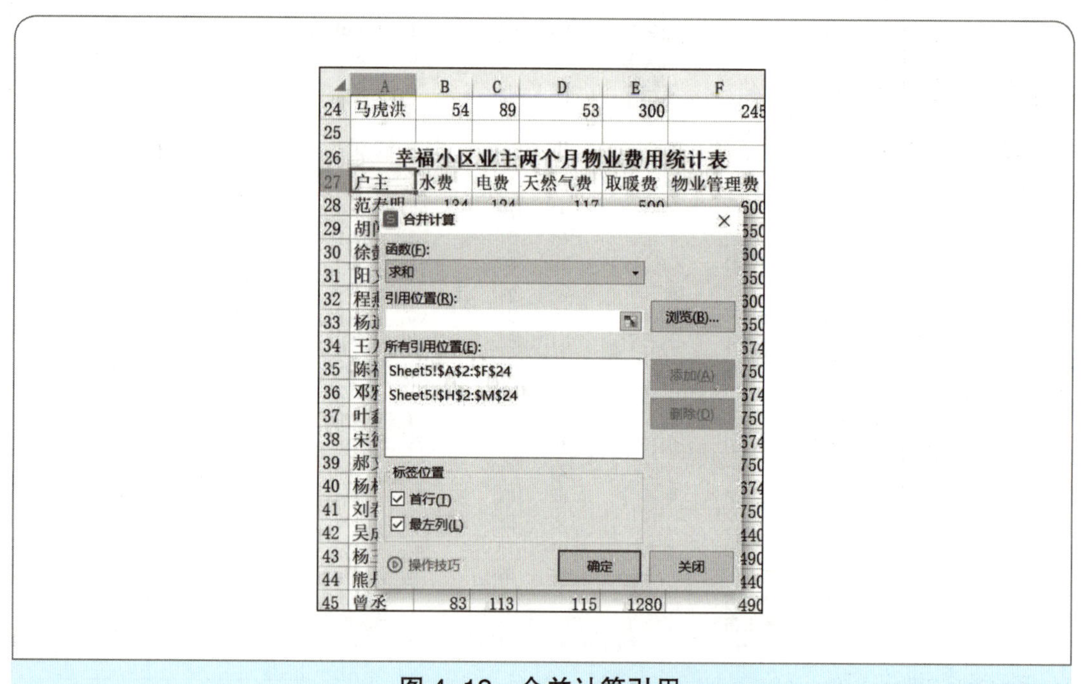

图 4–12　合并计算引用

任务 3 分析数据

任务目标

◎理解图表、数据透视表等数据分析工具的作用，会使用这些工具分析数据；

◎掌握使用图表分析数据，生成直观形象的数据图表的方法；

◎掌握可视化分析工具的使用方法，会生成数据透视表和数据透视图。

任务梳理

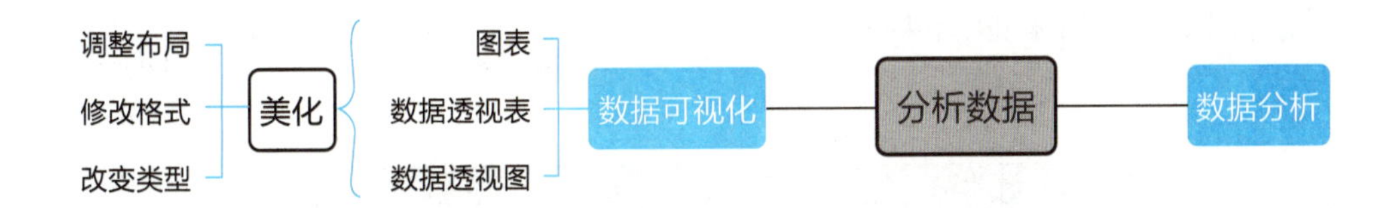

知识进阶

1. 条件格式应用

数据可视化不只是图表，用好条件格式，也能轻松实现数据可视化。

打开“花花女鞋第一季度各大门店销售情况表”，选择各个销售区域完成百分比数据，如图 4-13 所示。

花花女鞋第一季度各大门店销售情况表

销售区域	目标	销售	完成
武候	400	350	88%
成华	370	360	97%
高新	500	500	100%
锦江	380	340	89%
青羊	370	350	95%
龙泉	340	300	88%
新都	330	250	76%
双流	340	240	71%
邛崃	300	200	67%
新津	300	240	80%
金堂	310	230	74%
简阳	290	260	90%
小计	4230	3620	84%

图 4-13 选择数据

选择“开始”菜单下“条件格式”下拉菜单中的“数据条”，选择“实心填充”栏中的“红色数据条”，如图 4–14 所示。

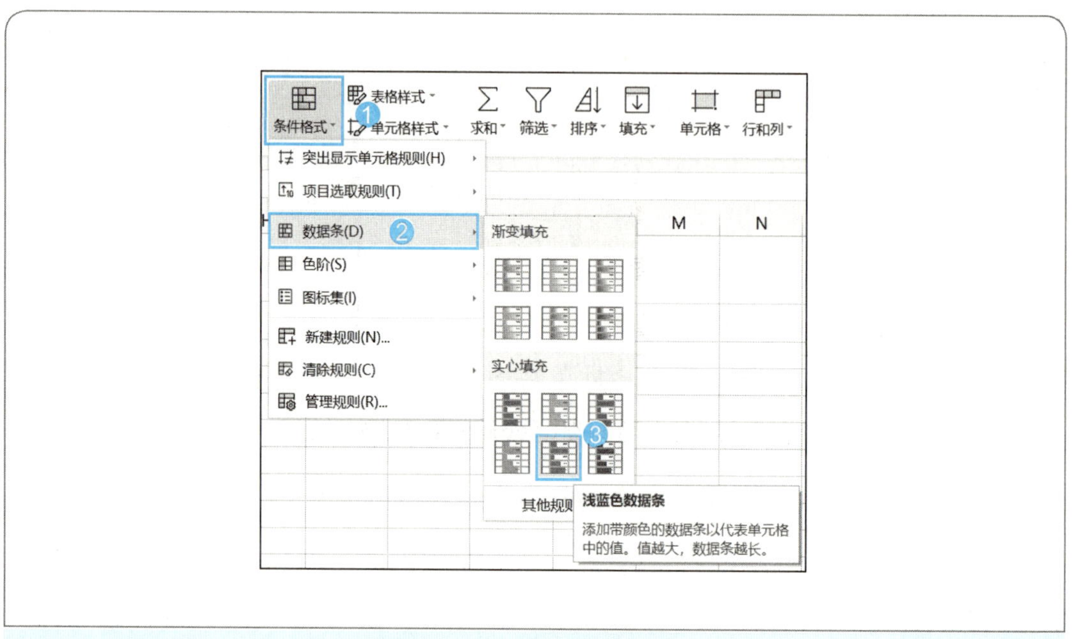

图 4–14　设置条件格式

设置好条件格式，结果如图 4–15 所示。

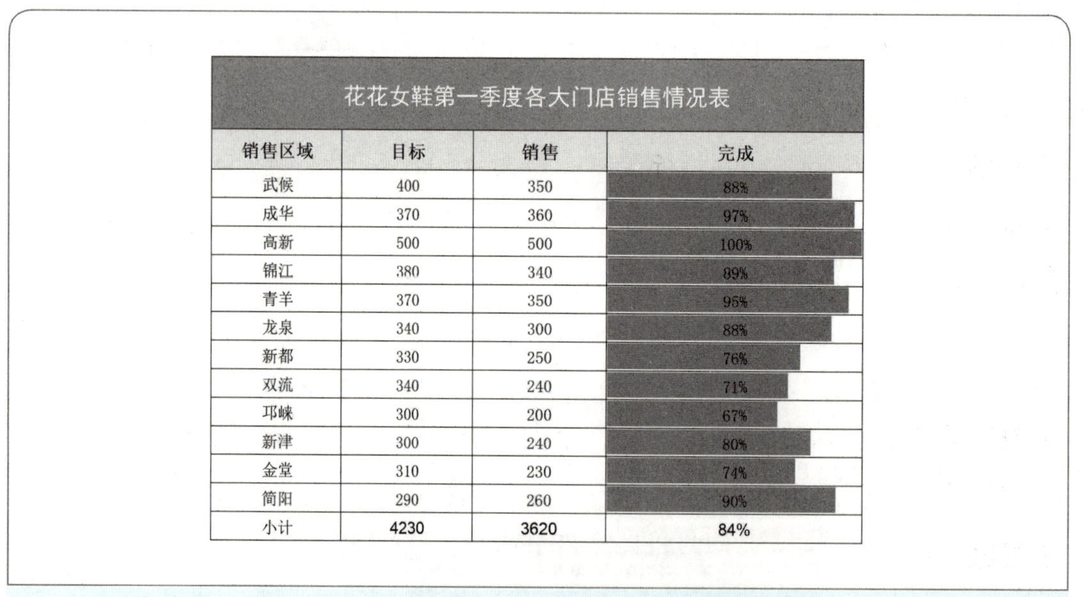

花花女鞋第一季度各大门店销售情况表

销售区域	目标	销售	完成
武候	400	350	88%
成华	370	360	97%
高新	500	500	100%
锦江	380	340	89%
青羊	370	350	95%
龙泉	340	300	88%
新都	330	250	76%
双流	340	240	71%
邛崃	300	200	67%
新津	300	240	80%
金堂	310	230	74%
简阳	290	260	90%
小计	4230	3620	84%

图 4–15　花花女鞋第一季度各大门店销售情况表

2. 电子表格中图表应用技巧

不同类型图表对数据表现的意义和作用，如图 4–16 所示。

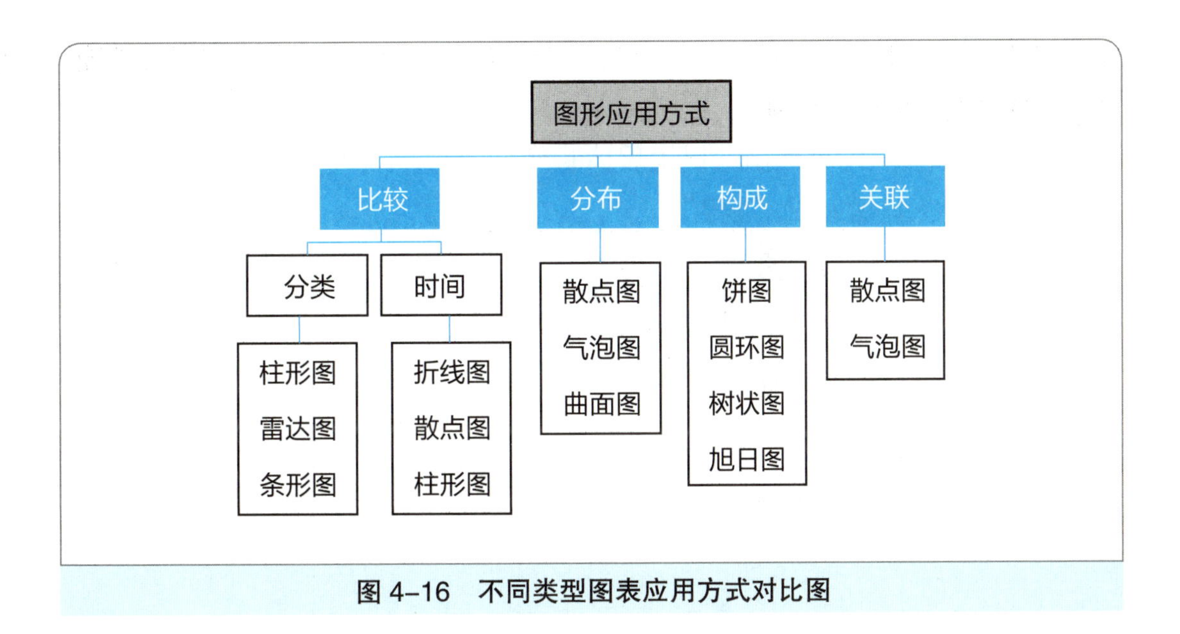

图 4-16　不同类型图表应用方式对比图

例题分析

例题 1

【填空题】在数据分析中，将数据形成图表，可让数据更加生动、直观。如果需要比较各项数值大小，可以选择__________或__________；要呈现随时间变化的趋势，可以用__________；要说明结构比例，可以选择__________。

【答案】柱形图　条形图　折线图　饼图

【解析】柱形图和条形图显示各个项目之间的比较情况；折线图能够查看趋势；饼图显示各项的大小与各项总和的比例。

例题 2

【单选题】适合对比分析某公司一年中各季度产品销售情况的图表是（　　）。

A. 饼图　　B. 折线图　　C. 散点图　　D. 柱形图

【答案】D

【解析】柱形图和条形图用于比较各项数值大小；折线图能够查看趋势；饼图显示各项的大小与各项总和的比例；折线图适合二维数据，还适合多个二维数据集的比较。

例题 3

【单选题】关于数据透视图，以下说法正确的是（　　）。

A. 图表类型一旦做好就不能更改

B. 数据透视图只能做柱形图

C. 数据透视表可以筛选，数据透视图不可以

D. 可以由数据透视表直接生成

【答案】D

【解析】数据透视图是将统计出的数据用图表方式呈现，可以由数据透视表直接生成。

例题 4

【多选题】可视化数据分析通常是运用（　　）实现数据可视化。

A. 数据透视表　　B. 数据图表　　C. 数据透视图　　D. 文字

【答案】ABC

【解析】可视化数据分析通常是运用数据图表、数据透视表和数据透视图实现数据可视化。

例题 5

【判断题】数据透视表是一种静态改变数据分析版面的交互式表格。　　（　　）

【答案】×

【解析】数据透视表是一种动态改变数据分析版面的交互式表格。动态改变数据源，版面中的页、行、列字段版面布局时，数据透视表会立即按照新的布置重新计算并呈现数据。

练习巩固

一、填空题

1. 在数据分析中，将数据形成__________，可让数据更加生动、直观。

2. 数据透视表是快速处理、汇总大量数据的__________。

3. 在电子表格中，图表种类很多，请列举出 5 种常用图表：__________、__________、

__________、__________、__________。

4. 雷达图用于__________维数据，且每个维度必须可以排序。

5. 数据透视图常有一个相关的__________。

二、单项选择题

1. 数据透视表字段是指（　　）。

A. 源数据中的行标题　　B. 源数据中的列标题

C. 源数据中的数据值　　D. 源数据中的表名称

2. 以下哪种图表类型适用场景为显示各项大小与各项总和的比例？（　　）

A. 饼图 / 圆环图　　B. 散点图　　C. 折线图　　D. 柱形图

3. 不能根据（　　）建立正确的数据透视表。

A. 外部数据源　　B. 合并计算区域

C. 任意单元格区域　　D. 另一个数据透视表

4. 在创建数据透视表时，存放数据透视表的位置（　　）。

A. 只能是现有工作表　　B. 可以是新工作表，也可以是现有工作表

C. 只能是新工作表　　D. 其他三个选项都是错误的

5. 在电子表格中，双击图表标题将（　　）。

A. 调出“改变字体”对话框　　B. 调出图表工具栏

C. 调出“图表标题格式”对话框　　D. 调出标准工具栏

6. 在电子表格中，关于工作表及为其建立的嵌入式图表的说法，正确的是（　　）。

A. 修改工作表中的数据，图表中的数据系列不会修改

B. 删除工作表中的数据，图表中的数据系列不会删除

C. 增加工作表中的数据，图表中的数据系列不会增加

D. 以上三项均不正确

7. 在电子表格中，制作数据透视表，其步骤有 4 步：（1）修改数据透视表；（2）确定数据源；（3）设置数据透视表布局；（4）美化数据透视表。下列正确的操作步骤顺序是（　　）。

A.（4）（1）（2）（3）　　B.（2）（1）（3）（4）

C.（1）（3）（4）（2）　　D.（2）（3）（1）（4）

8. 图表表格和嵌入图表的区别在于（　　）。

A. 图表表格中只有图表，而嵌入图表包含在数据工作表中

B. 嵌入表格中只有图表，而图表表格包含在数据工作表中

C. 图表表格和嵌入图表都包含在数据工作表中

D. 图表表格和嵌入图表都只有图表

9. 柱形图有（　　）两种。

A. 一维和多维　　B. 二维和三维　　C. 三维和多维　　D. 二维和多维

10. 柱形图、饼图、散点图属于（　　）。

A. 拓展类图表　　B. 复杂图表　　C. 基础类图表　　D. 特殊图表

三、多项选择题

1. 数据透视表的设置包括（　　）。

A. 重新设计版面布局　　B. 设置值的汇总依据和值的显示方式

C. 进行数据的筛选　　D. 设定报表样式

2. 以下哪些数据可以作为数据透视表的数据源？（　　）

A. 电子表格中的数据　　B. 外部数据库中的表

C. 文本文件　　D. 另一张数据透视表

3. 下面图表是柱形图变体的有（　　）。

A. 圆柱图　　B. 圆锥图　　C. 棱锥图　　D. 雷达图

4. 柱形图的主要用途有（　　）。

A. 能清楚表示出各组数据的大小　　B. 便于比较数组数据之间的差别

C. 能清楚地表示出数量的多少　　D. 易于体现数据趋势

5. 常见的条形图有（　　）。

A. 簇状条形图　　B. 堆积条形图

C. 百分比堆积条形图　　D. 偏向型直方图

四、判断题

1. 在电子表格中，数据透视表中的数据字段是数据透视表字段中的分类。（　　）

2. 建立数据透视表后，对数据透视表的数据源值进行修改时，数据透视表会自动更新。（　　）

3. 在图表中增加标题，可在激活图表后，在“图表元素”浮动工具按钮中勾选“图表标题”复选框。（　　）

4. 折线图的主要用途是看走势。（　　）

5. 数据透视图不具有交互功能。（　　）

任务 4 初识大数据

任务目标

◎认识大数据;

◎了解大数据的特征;

◎理解大数据的作用及应用;

◎了解大数据采集与分析方法;

◎体验大数据的应用。

任务梳理

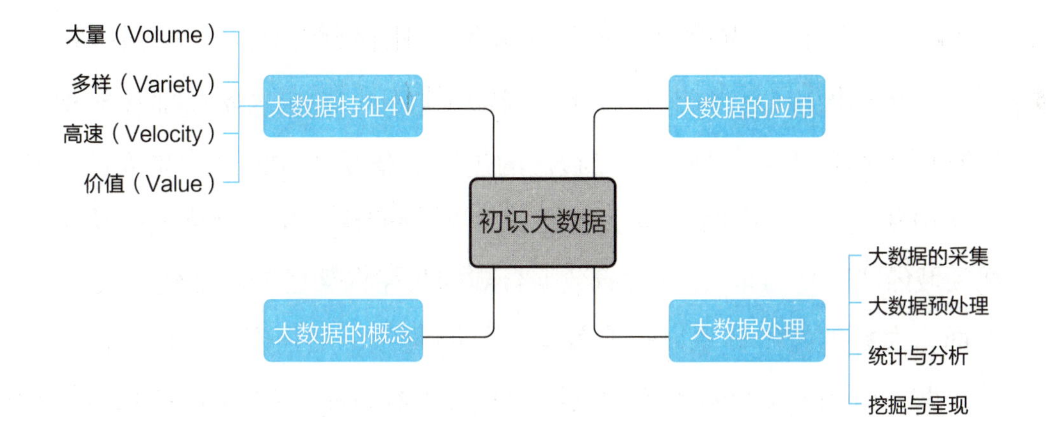

知识进阶

1. 国家对大数据的政策

当前，全球已进入数字经济时代，我国高度重视数字经济发展，2021 年年初通过的“中华人民共和国国民经济和社会发展第十四个五年规划和 2035 年远景目标纲要”（简称“十四五”规划）对于大数据的发展做出了重要部署，历经多年发展，大数据从一个新兴的技术产业，正在成为融入经济发展各领域的要素、资源、动力、观念。

中国信息通信研究院于 2021 年 12 月发布的《大数据白皮书（2021 年）》，是自 2014 年以来第六次发布的大数据白皮书。该白皮书基于中国信息通信研究院多年研究和分析，以数据要素的价值释放作为核心逻辑，重点探讨了大数据政策、法律、技术、管理、流通、安全等方面的内容，并对“十四五”期间我国大数据的发展进行了展望。

政策方面，我国大数据战略进一步深化，图 4–17 是我国大数据战略推进进程。激活数据要素潜能、加快数据要素市场化建设成为核心议题。

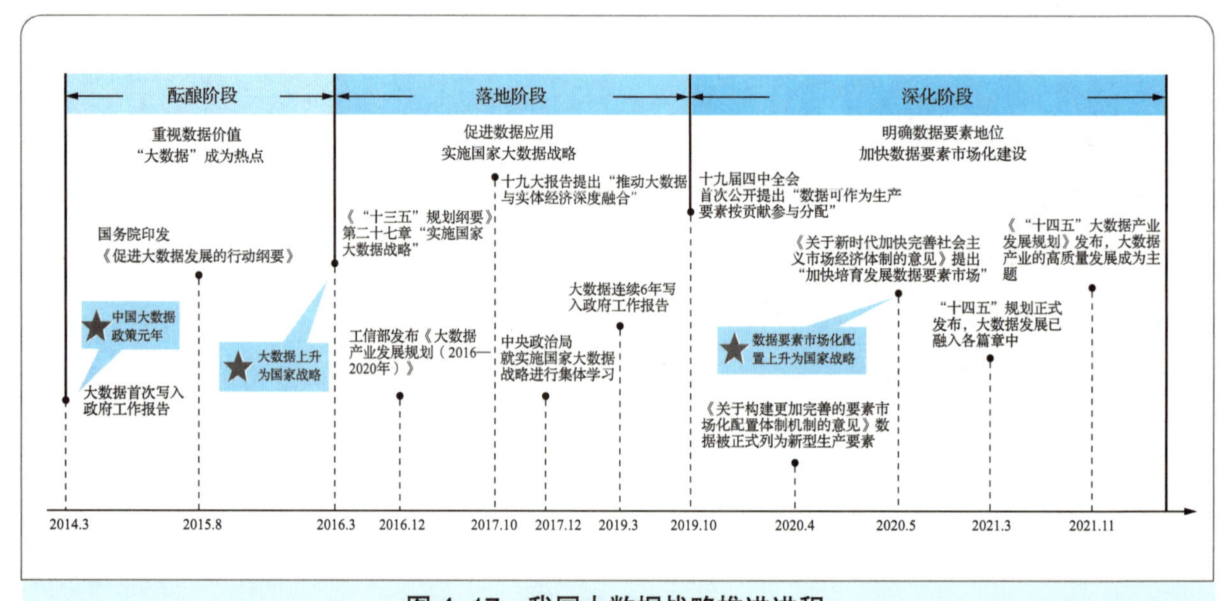

图 4–17　我国大数据战略推进进程

法律方面，从基本法律、行业行政法规到地方立法，我国数据法律体系架构初步搭建完成。2021 年我国数据立法取得突飞猛进的进展，备受关注的《中华人民共和国数据安全法》和《中华人民共和国个人信息保护法》先后出台，与《网络安全法》共同形成了数据合规领域的“三驾马车”，标志着数据合规的法律构架已初步搭建完成。

技术方面，大数据技术体系以提升效率、赋能业务、加强安全、促进流通为目标加速向各领域扩散，已形成支撑数据要素发展的整套工具体系。从图 4–18 可以了解数据平台技术的演变过程。

管理方面，数据资产管理实践加速落地，并正在从提升数据资产质量向数据资产价值运营加速升级。

流通方面，数据流通的基础制度与市场规则仍在起步探索阶段，但各界力量正在从新模式、新技术、新规则等多角度加速探索变革思路。

安全方面，随着监管力度和企业意识的强化，数据安全治理初见成效，数据安全的体系化建设逐步提升。

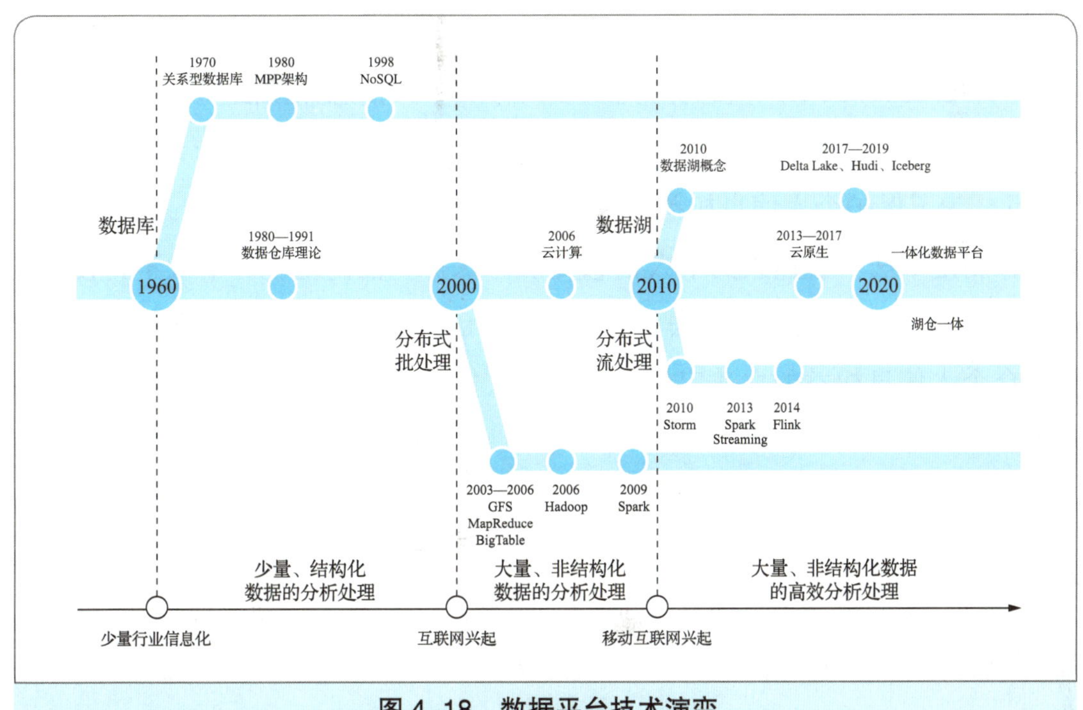

图 4-18 数据平台技术演变

利用好数据要素是驱动数字经济创新发展的重要抓手。“十四五”期间我国将立足新发展阶段、贯彻新发展理念，进一步提升数字化发展水平，为数字经济发展提供持久的新动力，进而为构建现代化经济体系和新发展格局提供强大支撑。一是释放数据价值将成为全球竞争战略的重要组成部分；二是进一步发挥大数据技术在数据价值挖掘方面的效用；三是数据治理制度体系与技术工具双轨并进；四是新数据流通业态与政策制度协同创新；五是数据合规法律体系将进一步完善成熟。

2. 数据安全法

《中华人民共和国数据安全法》(简称《数据安全法》)于 2021 年 6 月 10 日经第十三届全国人民代表大会常务委员会第二十九次会议通过并公布，自 2021 年 9 月 1 日起施行。《数据安全法》是我国第一部有关数据安全的专门法律，也是国家安全领域的一部重要法律。为了规范数据处理活动，保障数据安全，促进数据开发利用，保护个人、组织的合法权益，维护国家主权、安全和发展利益，制定本法。在中华人民共和国境内开展数据处理活动及其安全监管，适用本法。在中华人民共和国境外开展数据处理活动，损害中华人民共和国国家安全、公共利益或者公民、组织合法权益的，依法追究法律责任。本法所称数据，是指任何以电子或者其他方式对信息的记录；数据处理，包括数据的收集、存储、使用、加工、传输、提供、公开等；数据安全，是指通过采取必要措施，确保数据处于有效保护和合法利用的状态，以及具备保障持续安全状态的能力。

在信息化时代，个人信息保护已成为广大人民群众最关心最直接最现实的利益问题之一。《中华人民共和国个人信息保护法》（简称《个人信息保护法》）于2021年8月20日经第十三届全国人民代表大会常务委员会第三十次会议通过并公布，自2021年11月1日起施行。为了保护个人信息权益，规范个人信息处理活动，促进个人信息合理利用，根据宪法，制定本法。自然人的个人信息受法律保护，任何组织、个人不得侵害自然人的个人信息权益。《个人信息保护法》坚持和贯彻以人民为中心的法治理念，牢牢把握保护人民群众个人信息权益的立法定位，聚焦个人信息保护领域的突出问题和人民群众的重大关切。

例题分析

例题 1

【填空题】根据大数据产生、采集、处理和应用的主要特点，总结其具有的“4V”特征有大量（Volume）、多样（Variety）、高速（Velocity）和__________。

【答案】价值（Value）

【解析】根据大数据产生、采集、处理和应用的主要特点，总结其具有的“4V”特征有：①大量（Volume）：数据体量巨大，达到PB级别；②多样（Variety）：数据类型繁多，有网络日志、视频、图片、地理位置信息、环境信息、生物体征信息等；③高速（Velocity）：处理速度快，可从各种类型数据中快速获取高价值信息，与传统的数据挖掘技术有本质区别；④价值（Value）：只要合理利用数据并对其进行正确、准确的分析，就会带来高价值回报。

例题 2

【单选题】城市公交驾驶员为了应对道路上随时可能出现的各种边缘事件，必须保持注意力高度集中，长期的高度紧张工作容易使驾驶员由于疲劳及生理、心理等因素导致在行车过程中减弱或失去对车辆应急控制的能力甚至猝死的可能，为了避免类似事件导致重大交通事故的发生，关注驾驶员的身心健康，为此公交公司研制了公交驾驶员健康监测应用技术，使用智能手（表）环来实时采集驾驶员的生命体征数据，这个环节属于大数据处理流程中的（　　）环节。

A. 数据采集　　　　B. 数据预处理

C. 数据统计与分析　　　　D. 数据挖掘与呈现

【答案】A

【解析】大数据的采集是指利用多个数据库来接收发自客户端的数据，并且用户可以通过这些数据库进行简单的查询和处理工作。

例题 3

【单选题】在医院，针对早产婴儿，每秒钟有超过 3000 次的数据读取。通过这些数据分析，医院能够提前知道哪些早产婴儿出现问题并且有针对性地采取措施，避免早产婴儿夭折。这主要是（　　）技术在医疗行业的应用。

A. 虚拟现实　　B. 增强现实　　C. 大数据　　D. 网络

【答案】C

【解析】大数据处理主要是指从海量数据中获取需要的信息并进行加工分析得到有用的信息，其特色在于对海量数据的分析与挖掘，从中发现数据的价值。本题场景属于大数据在医疗领域的应用之一。

例题 4

【多选题】通过数据挖掘可以发掘先前未知且潜在有用的信息模型或规则，进而产生有价值的信息和知识，帮助决策者做出适当的决策。数据挖掘所处理的问题类型大致可分为（　　）种。

A. 分类　　B. 预测　　C. 聚类　　D. 关联规则

【答案】ABCD

【解析】数据挖掘所处理的问题类型大致可分为分类、预测、聚类及关联规则四种。

例题 5

【判断题】要从海量的数据中发现价值，取决于大数据分析与数据挖掘的能力。（　　）

【答案】√

【解析】大数据的处理流程主要可以概括为四步：采集、预处理、统计和分析、挖掘与呈现。大数据的特色在于对海量数据的分析与挖掘，从中发现数据的价值。

练习巩固

一、填空题

1. 大数据又称巨量资料，指的是无法在一定时间范围内通过人脑甚至主流软件工具进行捕捉、管理和处理的__________。

2. 大数据包括结构化的传统数据以及来源于社区网络、互联网、物联网等渠道的文本、图片、音频、视频等非结构化的数据，这体现了大数据“4V”特征中的__________特征。

3. 大数据的处理流程主要可以概括为四步：__________、__________、__________、__________。

4. __________也称为数据可视化。不管是对数据分析专家还是普通用户，数据可视化是数据分析工具最基本的要求。可视化可以直观地展示数据，帮助人们有效理解数据，从而真正利用好大数据。

5. __________是我国第一部有关数据安全的专门法律，也是国家安全领域的一部重要法律。

二、单项选择题

1. 小张通过短视频平台观看了一个关于糖尿病预防的视频后，短视频平台不断给小张推送有关糖尿病的视频，这是平台利用__________技术实现的应用。

A. 增强现实　　B. 大数据　　C. 电子商务　　D. 虚拟仿真

2. 以下关于大数据特征的描述中错误的是（　　）。

A. 数据体量大　　B. 数据类型多

C. 数据价值密度高　　D. 数据产生的速度快

3. 以下不属于大数据在日常生活中应用的有（　　）。

A. 通信大数据行程卡　　B. 智能医疗研发

C. 语音录入　　D. 金融交易

4. 下面哪个选项属于大数据技术的“数据存储和管理”技术层面的功能？（　　）

A. 利用分布式文件系统、数据仓库、关系数据库等实现对结构化、半结构化和非结构化海量数据的存储和管理

B. 利用分布式并行编程模型和计算框架，结合机器学习和数据挖掘算法，实现对海量数据的处理和分析

C. 构建隐私数据保护体系和数据安全体系，有效保护个人隐私和数据安全

D. 把实时采集的数据作为流计算系统的输入，进行实时处理分析

5. 大数据的两个核心技术是（　　）。

A. 分布式存储和集中式处理　　B. 分布式应用和分布式处理

C. 集中式存储和集中式处理　　D. 分布式存储和分布式处理

6. 大数据处理流程顺序一般为（　　）。

A. 数据存储→数据采集与预处理→数据挖掘→数据呈现

B. 数据采集与预处理→数据挖掘→数据存储→数据呈现

C. 数据采集与预处理→数据存储→数据呈现→数据挖掘

D. 数据采集与预处理→数据存储→数据挖掘→数据呈现

7. 以下不属于云计算服务模式的有（　　）。

A. IaaS　　B. BaaS　　C. SaaS　　D. PaaS

8. 为了规范数据处理活动，保障数据安全，促进数据开发利用，保护个人、组织的合法权益，维护国家主权、安全和发展利益，我国制定了（　　），自 2021 年 9 月 1 日起施行。

A.《中华人民共和国个人信息保护法》　　B.《中华人民共和国数据安全法》

C.《中华人民共和国网络安全法》　　D.《中华人民共和国软件保护条例》

9. 以下关于大数据对社会发展的影响说法错误的是（　　）。

A. 大数据成为一种新的决策方式

B. 大数据应用促进信息技术与各行业的深度融合

C. 大数据开发推动新技术和新应用的不断涌现

D. 大数据对社会发展没有产生积极影响

10. 大数据产业指（　　）。

A. 一切与支撑大数据组织管理和价值发现相关的企业经济活动的集合

B. 提供智能交通、智慧医疗、智能物流、智能电网等行业应用的企业

C. 提供数据分享平台、数据分析平台、数据租售平台等服务的企业

D. 提供分布式计算、数据挖掘、统计分析等服务的各类企业

三、多项选择题

1. 云计算使得使用信息的存储是一个（　　）的方式，它会大大地节约网络的成本，使得网络将来越来越泛在，越来越普及，成本越来越低。

A. 分布式　　B. 密闭式　　C. 密集式　　D. 共享式

2. 大数据处理流程可以概括为（　　）。

A. 挖掘　　B. 采集　　C. 统计和分析　　D. 导入和预处理

3. 运用大数据进行大治理要做到（　　）。

A. 用数据决策　　B. 用数据管理　　C. 用数据说话　　D. 用数据创新

4. 下列属于大数据信息的有（　　）。

A. 系统日志　　B. XML 数据文件　　C. 视频　　D. 二维表数据

5. 以下场景，主要运用了大数据技术的有（　　）。

A. 某电商依据客户消费习惯提前为客户备货，并利用便利店作为货物中转点，在客户下单 15 分钟内将货物送上门，提高客户体验

B. 某银行利用客户刷卡、存取款、电子银行转账、微信评论等行为进行分析，每周给客户发送针对性广告信息

C. 帮助农民依据消费者消费习惯决定增加或减少哪些品种农作物的生产，并帮助快速销售农产品，完成资金回流

D. 交通部门通过了解城市道路车辆通行密度，合理进行道路规划，包括单行线路规划

四、判断题

1. 利用分布式数据库或者分布式计算集群来对存储于其内的海量数据进行普通的分析和分类汇总等，以满足大多数常见的分析需求，这就是大数据的预处理工作。（　　）

2. 大数据与传统数据的区别主要在于大数据的数据量“大”、数据类型“复杂”、数据价值“无限”。（　　）

3. 为了保护个人信息权益，规范个人信息处理活动，促进个人信息合理利用，根据宪法，我国制定了《中华人民共和国信息安全法》。（　　）

4. 2021 年我国数据立法取得突飞猛进的进展，备受关注的《中华人民共和国数据安全法》和《中华人民共和国个人信息保护法》先后出台，与《网络安全法》共同形成了数据合规领域的“三驾马车”，标志着数据合规的法律构架已初步搭建完成。（　　）

5. 利用工业大数据提升制造业水平，包括产品故障诊断与预测、分析工艺流程、改进生产工艺、优化生产过程能耗、工业供应链分析与优化、生产计划与排程，这是大数据在制造业领域的典型应用。（　　）

专题5 程序设计入门

专题目标

（1）了解程序设计的基础知识，理解运用程序设计解决问题的逻辑思维理念，了解常见主流程序设计语言的种类和特点。

（2）了解 Python 程序设计语言的基础知识，会使用 Python 的相关开发环境编辑、运行及调试简单的程序。

（3）能够使用程序设计的方法进行信息采集、批量和自动化处理。

（4）了解典型算法，尝试应用简单算法和功能库解决信息处理的具体问题。

任务 1 认识程序设计

任务目标

◎能够绘制流程图；

◎了解典型算法；

◎了解程序设计基础知识；

◎了解常见主流程序设计语言的种类和特点。

任务梳理

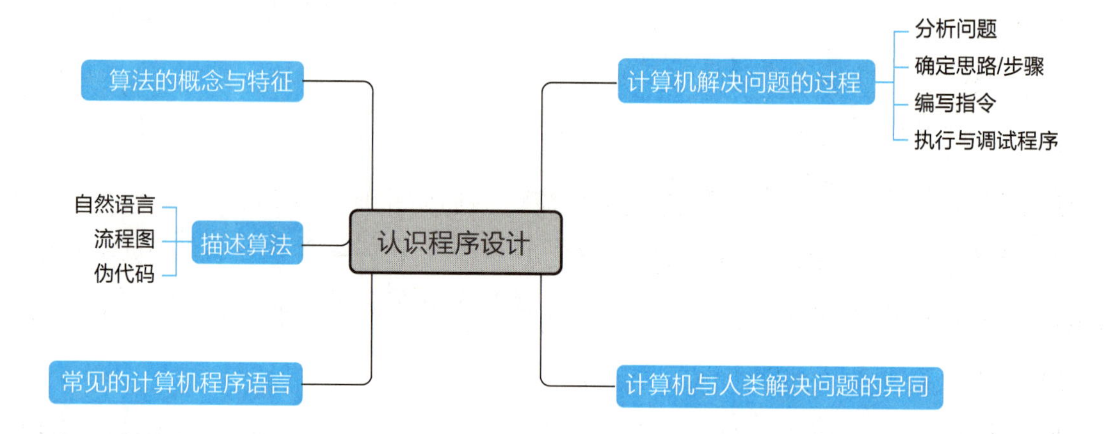

知识进阶

一、算法

1. 算法的基本概念

算法（Algorithm）是指解决问题的思路和方法，通常用一组有内在逻辑的指令描述算法的过程或步骤。

2. 算法的特征

（1）有穷性：一个算法必须保证它的执行步骤是有限的，即它是能终止的。

（2）确定性：算法中的每个步骤必须有确切的含义，不具有二义性。

（3）可执行性：算法中的每个步骤都要实践能做，而且能在有限的时间内完成。

（4）输入：每个算法有 0 个或多个输入，这些输入取自某个特定的对象集合。

（5）输出：每个算法有一个或多个输出，这些输出是与输入具有某种特定关系的量。

3. 算法效率的度量

对算法效率的度量通常情况下考虑两个因素：时间复杂度与空间复杂度。

（1）时间复杂度。

时间复杂度就是算法运行所需要的时间。

（2）空间复杂度。

空间复杂度就是算法运行时需要的临时存储空间大小。

4. 算法描述

可以使用自然语言、流程图、伪代码描述算法。

使用自然语言描述算法显然很有吸引力，但是自然语言固有的不严密性导致要简单清晰地描述算法变得很困难。

描述算法最普遍的做法是绘制流程图。流程图通常采用圆角矩形、直角矩形、菱形、平行四边形和箭头等特定图形进行绘制。其中，圆角矩形表示流程图的开始或者结束，直角矩形表示对信息或者数据的处理，菱形表示对条件进行判断，平行四边形表示数据的输入或输出，箭头表示流程执行的方向。

伪代码是自然语言和类编程语言组成的混合结构。它比自然语言更精确，描述算法很简洁，同时也容易转换成计算机程序。使用伪代码描述算法可以让程序员很容易将算法转换成程序，还可以避开不同程序语言的语法差别。

二、计算机编程语言及其类别

计算机程序就是操控计算机解决问题或完成具体事务的一系列能够被执行的指令，其中的每条指令表示一个或多个操作。计算机程序基本包括 3 个部分：输入数据、执行运算、输出结果。

计算机编程语言是程序设计的最重要工具，它是指计算机能接受和处理的、具有一套语法规则、一组基本指令的描述性操作语言。从计算机诞生起，计算机编程语言经历了机器语言、汇编语言、高级语言三个阶段。

机器语言是由数字 0 和 1 组成的二进制代码指令。汇编语言将机器语言的 0 和 1 进行了符号化，且可以直接访问系统接口。高级语言直接面向用户，从形式上基本接近自然语言和数学公式，它有编写效率高、易修改和易维护等诸多优点。只有机器语言可被直接执行，高级语言和汇编语言程序都要转换为机器语言后才能运行。

高级语言中的任何一条语句（指令）都可以经过编译程序翻译成机器语言，让计算机能够理解并且执行。常见的高级语言有 Python、C 语言、Java 等，不同高级编程语言写出的程序，文件扩展名不同，如 .PY、.C、. java 等。

例题分析

例题 1

【填空题】程序设计语言可以分为__________语言、__________语言和__________语言三种类型。

【答案】机器　汇编　高级

【解析】程序设计语言是编写计算机程序的语言，可以分为机器语言、汇编语言、高级语言三种类型。

例题 2

【单选题】算法是指（　　）。

A. 数学的计算公式　　B. 解决问题的精确步骤

C. 问题的精确描述　　D. 程序设计语言的语句序列

【答案】B

【解析】算法（Algorithm）准确而完整地描述了解决问题的思路和步骤。在计算机科学领域，经常用算法系统描述解决问题的策略机制。

例题 3

【单选题】下列说法错误的是（　　）。

A. 计算机可以代替人类的一切活动

B. 计算机可以帮助人们解决问题

C. 计算机的优势是计算速度快

D. 让计算机解决问题有一定的思路和步骤

【答案】A

【解析】计算机是不会自己解决问题的，但它可以借助程序帮助人们解决问题。计算机虽有着运算速度快的优势，但只能机械地运行程序去解决问题，故选 A。

例题 4

【多选题】下列（　　）属于算法的特征。

A. 无穷性　　B. 确切性

C. 输入项、输出项　　D. 可行性

【答案】BCD

【解析】算法的五个特征是：有穷性、确切性、输入项、输出项、可行性。

例题 5

【判断题】算法的优劣可以用空间复杂度与时间复杂度来衡量。　　（　　）

【答案】√

【解析】不同的算法可能用不同的时间、空间或效率来完成同样的任务。一个算法的优劣可以用空间复杂度与时间复杂度来衡量。

练习巩固

一、填空题

1. __________是指以统一规定的符号来表示算法的思路和过程的图形。

2. 绘制流程图时，用__________表示数据的输入或输出。

3. 机器语言是由数字__________和__________组成的二进制代码指令，其程序编写困难。

4. __________是一种介于人类自然语言和计算机程序设计语言之间，用于描述算法的非标准化语言。

5. 程序是__________用某种程序设计语言的具体实现。

6. 流程图是描述__________的常用工具。

二、单项选择题

1. 计算机的所有程序都是以（　　）的形式存储在计算机的外存储器上的。

A. 十进制　　B. 二进制　　C. 八进制　　D. 十六进制

2. 衡量一个算法好坏的标准是（　　）。

A. 运行速度快　　B. 代码短　　C. 占用空间少　　D. 时间复杂度低

3. 绘制流程图时，用（　　）表示条件判断。

A. 圆角矩形　　B. 平行四边形　　C. 菱形　　D. 直角矩形

4. 绘制流程图时，用（　　）表示开始或结束。

A. 圆角矩形　　B. 平行四边形　　C. 菱形　　D. 直角矩形

5. 下列关于伪代码说法正确的是（　　）。

A. 伪代码就是说法错误的代码　　B. 伪代码就是错误的计算机代码

C. 伪代码就是人类自然语言　　D. 用于描述算法的非标准化语言

6. 关于计算机程序设计语言说法正确的是（　　）。

A. 机器语言可被计算机系统直接执行，工程简单且容易编写

B. 汇编语言就是机器语言

C. 计算机程序设计语言就是一切用于编写计算机程序的语言

D. 高级语言和汇编语言程序无须转换为机器语言就可运行

7. 下面关于算法的描述，正确的是（　　）。

A. 算法不可以用自然语言表示

B. 算法只能用框图来表示

C. 一个算法必须保证它的执行步骤是有限的

D. 算法的框图表示法有 0 个或多个输入，但只能有一个输出

8. 用计算机解决问题有以下几个步骤，正确的顺序是（　　）。

①求解决问题的途径和方法。②分析问题确定要做什么。③用计算机进行处理。

A. ①②③　　B. ①③②　　C. ③①②　　D. ②①③

9. 计算机能直接识别、理解执行的语言是（　　）。

A. 汇编语言　　B. Python 语言　　C. 自然语言　　D. 机器语言

10. 算法与程序的关系，下列说法正确的是（　　）。

A. 算法是对程序的描述　　B. 算法决定程序，是程序设计的核心

C. 算法与程序之间无关系　　D. 程序决定算法，是算法设计的核心

三、多项选择题

1. 描述算法的常用方式有（　　）。

A. 自然语言　　B. 流程图　　C. 机器语言　　D. 伪代码

2.（　　）要经过转换后才能运行。

A. 高级语言　　B. 机器语言　　C. 汇编语言　　D. A、B、C 全部

3. 计算机程序的语言中，常见的高级语言有（　　）。

A. C++　　B. Java　　C. Word　　D. PHP

4. 使用流程图的作用有（　　）。

A. 程序总体结构直观、清晰

B. 容易对各部分编写相应的指令

C. 便于检查算法，有利于提高程序的正确性

D. 使算法更易理解

5. 算法设计的基本方法有（　　）。

A. 列举法　　B. 递推　　C. 归纳法　　D. 回溯法

四、判断题

1. 计算机程序就是操控计算机解决问题或完成具体事务的一系列能够被执行的指令。（　　）

2. 计算机程序中，算法是基础（基本部件），而数据结构则是灵魂（完成任务）。（　　）

3. 计算机只认识十进制编码形式的指令和数据。（　　）

4. 计算机的所有数据都是以二进制形式存储的。（　　）

5. 算法是解决问题的一种方法或一个过程。（　　）

五、实践操作题

生活中很多系统（网站）都要求用户先行注册才能使用相关功能。某系统的注册流程如下：

（1）校验输入的用户名是否已经存在。如果用户名在系统数据库中已经存在，则提示用户重新输入用户名并返回；如果用户名不存在，则进入下一项验证。

（2）校验输入的密码是否符合安全性规则，如果不符合则提示用户重新输入并返回，如果符合规则，则进入下一项验证。

（3）校验注册时两次输入的密码是否一致，如果不一致则提示用户重新输入并返回。如果两次输入的密码一致，则通过系统注册。

请将上述系统注册的算法，分别使用流程图和伪代码进行描述。

任务2 初试程序设计

任务目标

◎了解 Python 的特点和应用领域；
◎了解 Python 的开发环境；
◎在 Python 中会使用变量、输入输出、运算符等基础知识编写简单的程序；
◎会搭建 Python 开发环境；
◎能够新建、设计、运行及调试简单的人机对话模拟程序。

任务梳理

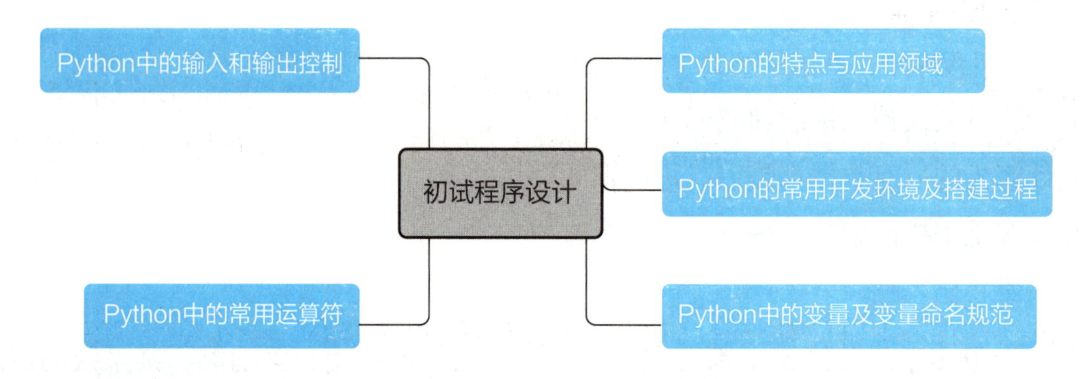

知识进阶

一、Python 的优点

1. 语法简单

Python 对代码格式的要求没有传统的 C/C++、Java、C# 那么严格。Python 是一种代表极简主义的编程语言，阅读一段排版优美的 Python 代码，就像在阅读一个英文段落，非常贴近人类语言。这种宽松使得用户在编写代码时比较舒服，不用在细枝末节上花费太多精力。

2. 开源

开源就是开放源代码，意味着所有用户都可以看到源代码。不仅程序员使用 Python 编写的代码是开源的，Python 解释器和模块也是开源的。

3. 免费

用户使用 Python 进行开发或者发布自己的程序，不需要支付任何费用，也不用担心版权问题。

4. 功能强大

Python 的模块众多，基本实现了所有的常见的功能，从简单的字符串处理，到复杂的 3D 图形绘制，借助 Python 模块都可以轻松完成。

Python 社区发展良好，除了 Python 官方提供的核心模块，很多第三方机构也会参与模块开发，这其中就有 Google、Facebook、Microsoft 等。即使是一些小众的功能，Python 往往也有对应的开源模块，甚至有可能不止一个模块。

5. 可扩展性强

Python 的可扩展性体现在它的模块，Python 具有脚本语言中最丰富和强大的类库，这些类库覆盖了文件 I/O、GUI、网络编程、数据库访问、文本操作等绝大部分应用场景。

二、变量

变量（Variable）可以看成一个专门用来存放程序中数据的一个小空间。每个变量都拥有独一无二的名字，通过变量的名字就能找到变量中的数据。

1. 变量的命名规则

变量的名字不能随便定义，除了要遵循 Python 变量固有的命名规则外，还要易于其他人阅读代码时弄清楚变量的含义。目前流行三种变量命名方法，分别是匈牙利命名法、骆驼命名法和帕斯卡命名法。

（1）匈牙利命名法。

匈牙利命名法是由1972年至1981年在施乐公司工作的程序员查尔斯·西蒙尼发明的。匈牙利命名法的基本规则是：变量名 = 属性 + 类型 + 对象描述。

变量名的属性主要是表明该变量的属性，比如变量的作用范围（全局 / 局部）、成员变量或者静态变量等。

类型指的是变量的类型，如整型、浮点型、字符型等，每种类型用一个特定的字符串表示。如整型使用 i，浮点型使用 f，字符型使用 ch 等。

描述部分通常用来表示该变量描述的意义，即该变量所表示的含义。

（2）骆驼命名法。

骆驼命名法又称驼峰命名法，就是以单个单词或多个单词组成变量名时，第一个单词以小写字母开始，第二个单词以及后面的每一个单词的首字母大写，例如 myFirstName、myLastName，这样的变量名看上去就像骆驼峰一样此起彼伏，故此得名。

（3）帕斯卡命名法。

帕斯卡命名法又称大驼峰法，是把变量名称的第一个字母也大写。例如 MyFirstName、MyLastName 等。

2. 变量赋值

赋值就是在编程时，将数据放入变量的过程。Python 用等号作赋值符，格式为：

变量名 = 表达式 / 常量

功能：将表达式的计算结果或常量值存放在指定的变量中。

例如，将整数 5 赋值给变量 x 的语句是：

```
>>> x=5
```

该语句运行后，x 就代表整数 5，只要重新赋值即可修改。变量的值一旦被修改，之前的值就被覆盖，故同一时刻一个变量只有一个值。例：

```
>>> x=5
>>> x=8
>>> print(x)
8
```

Python 中一次可以给多个变量赋值，或将一个值赋给多个变量，例如：

```
>>> a, b, c=5, 18, 26     #给 a、b、c 三个变量分别赋值 5、18、26
>>> print(a, b, c)
5 18 26
>>>x=y=z=20               #给 x、y、z 三个变量均赋值 20
>>> print(x, y, z)
20 20 20
```

3. 数据类型

Python 是弱类型语言，有两个特点：

一是变量无须声明就可以直接赋值，对一个不存在的变量赋值就相当于定义了一个新变量。二是变量的数据类型可以随时改变，只需要重新赋值即可。

弱类型并不等于没有类型，只是在书写代码时不用刻意关注类型，在编程语言的内部仍然是有类型的。可以使用 type( ) 内置函数检测某个变量或者表达式的类型。例如：

```
>>>x=30
>>> print (type (x))
<class 'int'>              # 表示 x 变量是整型
```

三、运算符的优先顺序

运算符的优先顺序见表 5-1。

表 5-1 运算符的优先顺序

运算符说明	Python 运算符	优先级	结合性
小括号	( )	19	无
索引运算符	x[i] 或 x[i1 : i2 [:i3]]	18	左
属性访问	x.attribute	17	左
乘方	**	16	右
按位取反	~	15	右
符号运算符	+（正号）、-（负号）	14	右
乘除	*、/、//、%	13	左
加减	+、-	12	左
位移	>>、<<	11	左
按位与	&	10	右
按位异或	^	9	左
按位或	|	8	左
比较运算符	==、!=、>、>=、<、<=	7	左
is 运算符	is、is not	6	左
in 运算符	in、not in	5	左
逻辑非	not	4	右

续表

运算符说明	Python 运算符	优先级	结合性
逻辑与	and	3	左
逻辑或	or	2	左
逗号运算符	exp1，exp2	1	左

四、Python 的基本输入输出

1. input( ) 函数输入

input( ) 是 Python 的内置函数，用于从控制台读取用户输入的内容。input( ) 函数总是以字符串的形式来处理用户输入的内容，所以用户输入的内容可以包含任何字符。

2. print( ) 函数输出

print( ) 函数可以同时输出一个或多个表达式，具有丰富的功能。

3. 添加语句注释

注释用于为程序添加说明性的文字。Python 在运行程序时，会忽略被注释的内容。Python 注释有单行注释和多行注释。

单行注释用“#”开始，“#”之后的内容不会被执行。单行注释可以单独占一行，也可放在语句末尾。

多行注释是用三个英文的单引号“'''”或双引号“"""”作为注释的开始和结束符号。

例如：

```
>>>h=input('How are you?')#输入内容为“My name is lixia.”
How are you?   My name is lixia.
>>> print(h, 'Her name is wangfan.')#该语句输出了变量h的值和1个字符串常量的值
My name is lixia. Her name is wangfan.
```

五、运行 Python 程序

任何编程语言的源文件都有特定的后缀，Python 源文件的后缀为 .py。运行 Python 源文件有以下方法。

1. 使用 Python 自带的 IDLE 工具运行源文件

通过“File”→“Open”菜单打开 demo.py 源文件，然后在源文件编辑窗口的菜单栏中选择“Run”→“Run Module”命令，或者按下 F5 快捷键，执行源文件中的代码。

2. 在命令行工具或者终端（Terminal）中运行源文件

进入命令行工具或者终端（Terminal），切换到源文件 demo.py 所在目录，然后输入下面的命令运行源文件：

```
python demo.py
```

3. 在第三方编辑器中运行

在第三方编辑器中安装 Python 扩展插件，即可直接运行 Python 程序。如 VsCode 中按下 Ctrl+Shift+X 组合键，在左侧扩展“商店”中搜索“Python”扩展包完成安装后，即可直接调试和运行 Python 程序。

■ 例题分析

例题 1

【填空题】 Python 是一种__________编程语言。

【答案】 高级

【解析】 Python 程序设计语言诞生于 20 世纪 90 年代初期，是一种面向对象的高级编程语言。

例题 2

【单选题】 下列 Python 变量名中，合法的是（　　）。

A. 4name　　B. my$s　　C. if　　D. sum_if3

【答案】 D

【解析】 变量名只能包含数字、字母和下划线，必须以字母或下划线字符开头，要区分大小写，不可以是 Python 关键字。A 中变量名以数字开头，B 中变量名含有 $，C 中变量名为 Python 关键字。D 中变量名以英文开头，只包含数字、字母和下划线，故有效。

例题 3

【单选题】"Hi"*3 的结果是（　　）

A. "Hi"　　B. "Hi*3"　　C. "Hi Hi Hi"　　D. 出错

【答案】C

【解析】* 是重复输出字符运算符，字符串 *n 表示将指定的字符串重复 *n* 次，得到一个新的字符串。本题中 "Hi" * 3 的作用是将“Hi”重复 3 次得到 "Hi Hi Hi"，故选 C。

例题 4

【多选题】变量名必须以（　　）字符开头。

A. 字母　　B. 数字　　C. 汉字　　D. 下划线

【答案】AD

【解析】变量名必须以字母或下划线字符开头，不能以数字开头。

例题 5

【判断题】Python 中的每一个函数都必须带相关参数。（　　）

【答案】×

【解析】Python 中的函数，要根据实际情况使用参数，可以没有参数。

练习巩固

一、填空题

1. Python 语言可被应用于__________、网络爬虫开发、游戏开发、__________、大数据处理、云计算、__________等领域。

2. 计算机程序中可变的数据称为__________。

3. print（100 – 25 * 3 % 6）应该输出__________。

4. 幂运算的运算符为__________。

5. 1==1 and 2!=1 的结果是__________。

二、单项选择题

1. 关于 Python 语言的特点，以下选项中描述错误的是（　　）。

A. Python 语言是非开源语言　　B. Python 语言是跨平台语言

C. Python 语言是多模型语言　　D. Python 语言是脚本语言

2. 关于赋值语句的作用，正确的描述是（　　）。

A. 将变量绑定到对象　　B. 每个赋值语句只能给一个变量赋值

C. 将变量改写为新的值　　D. 变量和对象必须类型相同

3. Python 中，用于获取用户输入的命令为（　　）。

A. get　　B. read　　C. input　　D. for

4. 在 print 函数的输出字符串中，可以将（　　）作为参数，代表后面指定要输出的字符串。

A. %d　　B. %c　　C. %s　　D. %t

5. 下面优先级最高的运算符为（　　）。

A. /　　B.( )　　C. *　　D. //

6. 下面不属于 Python 特性的是（　　）。

A. 简单易学　　B. 开源的、免费的　　C. 属于低级语言　　D. 高可移植性

7. 下面（　　）不是有效的变量名。

A. _demo　　B. sum4　　C. area_1　　D. my-prog

8. 以下选项中，不是 Python 语言保留字的是（　　）。

A. do　　B. except　　C. while　　D. pass

9. 用于生成和计算出新的数值的一段代码称为（　　）。

A. 赋值语句　　B. 表达式　　C. 生成语句　　D. 标识符

10. Python 中输入函数是（　　）。

A. input　　B. output　　C. insert　　D. 10 % 3

11. 下列的语句，在 Python 中非法的是（　　）。

A. x=y=z=1　　B. x，y=y，x　　C. x=（y=z+1）　　D. x+=y

12. 在 Python 中，正确的赋值语句为（　　）。

A. x+y=10　　B. x=2y　　C. x=y=30　　D. 3y=x+1

三、多项选择题

1. 下面属于 Python 特性的是（　　）。

A. 简单易学　B. 开源的、免费的　C. 属于低级语言　D. 高可移植性

2. 下列 Python 变量名中，不合法的有（　　）。

A. and　B. x–2　C. sum.1　D. 8Word

3. 关于 Python 语言数值运算符，以下描述正确的是（　　）。

A. x//y 表示 x 与 y 之整数商，即不大于 x 与 y 之商的最大整数

B. x**y 表示 x 的 y 次幂，其中，y 必须是整数

C. x%y 表示 x 与 y 之商的余数，也称为模运算

D. x/y 表示 x 与 y 之商

4. 关于 Python 内存管理，下列说法正确的是（　　）。

A. 变量不必事先声明　B. 变量无须先创建和赋值而直接使用

C. 变量无须指定类型　D. 可以使用 del 释放资源

5. Python 变量命名规则正确的是（　　）。

A. 由字母、数字、下划线组成　B. 不能以数字开头

C. 不能用 Python 中的关键字　D. 不区分大小写

四、判断题

1. 7_NO 是一个合法的 Python 变量名。（　　）

2. 代码 x=3 与 x==3 的功能是相同的。（　　）

3. “name，sex，age ='张三'，'女'，16”表示变量 name、sex 和 age 分别赋值为'张三'、'女'和 16。（　　）

4. 变量保存的数据可以被多次修改，而常量一旦保存某个数据之后就不能修改了。（　　）

5. print（“18 // 5=”，18 // 5）的结果是 18 // 5=3.6。（　　）

五、实践操作题

请编写一个简单的人机对话程序，要求用户分别输入自己的姓名、年龄和籍贯信息，然后一次性输出“欢迎来自【籍贯】【年龄】岁的【姓名】同学”。

任务3 初探程序设计

任务目标

◎了解 Python 中标准库和第三方库的调用方法和应用方式；

◎能列举出 Python 的基本程序结构种类；

◎掌握 Python 程序设计中选择结构的基本流程和简单应用；

◎掌握 Python 程序设计中循环结构的基本流程和简单应用。

任务梳理

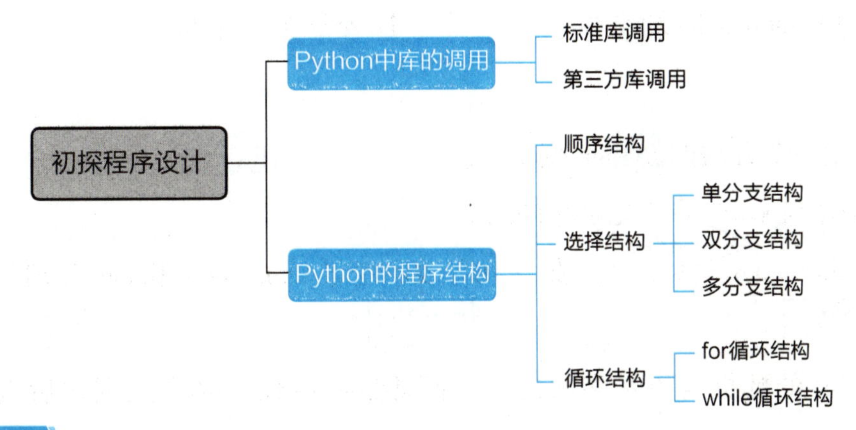

知识进阶

Python 作为一门开源、免费的程序设计语言，提供了许多标准库，除此之外网络上还有很多第三方库可供用户免费使用。Python 程序可分为 三 大结构，即顺序结构、选择（分支）结构和循环结构。

一、顺序结构

顺序结构就是让程序按照从头到尾的顺序依次执行每一条 Python 语句，直到最后一条语句，不重复执行任何语句，也不跳过任何语句，如图 5-1 所示。

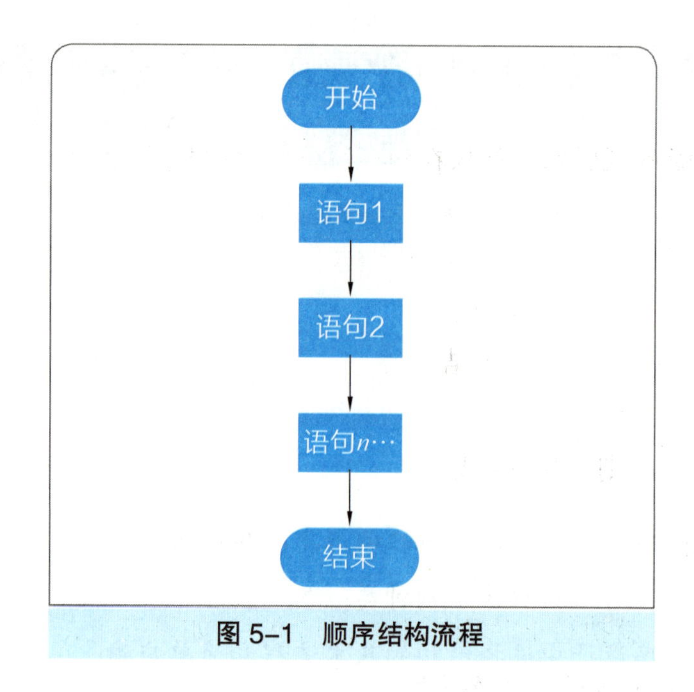

图 5–1 顺序结构流程

二、选择结构

选择结构也称分支结构，用 if…else 语句对条件进行判断，然后根据不同的结果执行不同的语句块，即有选择性地执行语句块。分支结构又分为单分支结构（图 5–2（a））、双分支结构（图 5–2（b））和多分支结构。

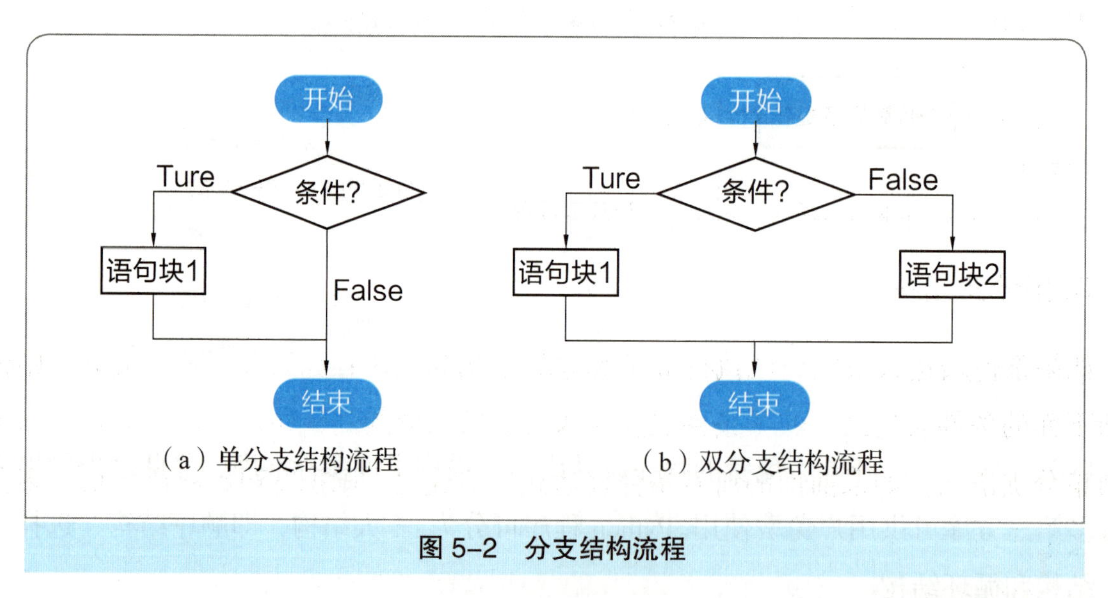

图 5–2 分支结构流程

在书写分支结构时，尤其要注意代码的缩进，如果缩进出错就会导致代码逻辑错误。

1. 单分支结构

单分支是只有一种选择，即条件成立（为 True）时执行语句块，条件不成立时（为 False）则结束分支语句。单分支的语法格式如下：

```
if 条件表达式:
   语句块
```

【例1】输入等级考试成绩，如果在60分以上，就显示“祝贺你通过了等级考试！”。

```
dj_score = int ( input (‘请输入你的等级考试成绩:’) )
if dj_score >= 60:          # 以冒号结尾
    print (‘祝贺你通过了等级考试！’)    # 缩进表示该语句是包含在分支结构中的语句
```

语句运行时，若输入78则显示结果为：

```
祝贺你通过了等级考试!
```

运行时，若输入53则无显示结果。

2. 双分支结构

如果表达式成立，就执行if后面紧跟的语句块1；如果表达式不成立，就执行else后面紧跟的语句块2。双分支的语法格式如下：

```
if 条件表达式:
   语句块 1
else:
   语句块 2
```

【例2】判断输入的成绩是否及格。

```
dj_score = int ( input (‘请输入你的等级考试成绩:’) )
if dj_score >= 60:
    print (‘祝贺你通过了等级考试！’)
else:
    print (‘你本次未通过等级考试，请认真准备下次再考！’)
```

3. 多分支结构

如果条件表达式成立，就执行if后面紧跟的语句块1；如果表达式不成立，则依次判断下面的条件表达式，若某条件成立就执行其后面紧跟的语句块，然后停止判断条件并结束分支语句。如果前面的所有条件表达式均不成立，则执行最后的语句块。多分支的语法格式如下：

```
if 条件表达式 1:
   代码块 1
elif 条件表达式 2:
   代码块 2
elif 条件表达式 3:
   代码块 3
```

```
...// 其他 elif 语句
else:
  代码块 n
```

【例 3】判断输入成绩的等级情况（<60 等级为“不及格”，60~79 等级为“合格”，80~89 等级为“良好”，>=90 等级为“优秀”）。

```
dj_score = int( input('请输入你的等级考试成绩：') )
if dj_score < 60:
    print('你本次未通过等级考试，请认真准备下次再考！')
elif dj_score<80:
    print('祝贺你通过了等级考试！等级为合格')
elif dj_score<90:
    print('祝贺你通过了等级考试！等级为良好')
else:
    print('祝贺你通过了等级考试！等级为优秀')
```

三、循环结构

循环结构是指在一定条件下反复地执行某段程序的流程结构，Python 提供了 for 循环和 while 循环两种语句，如图 5-3 所示。

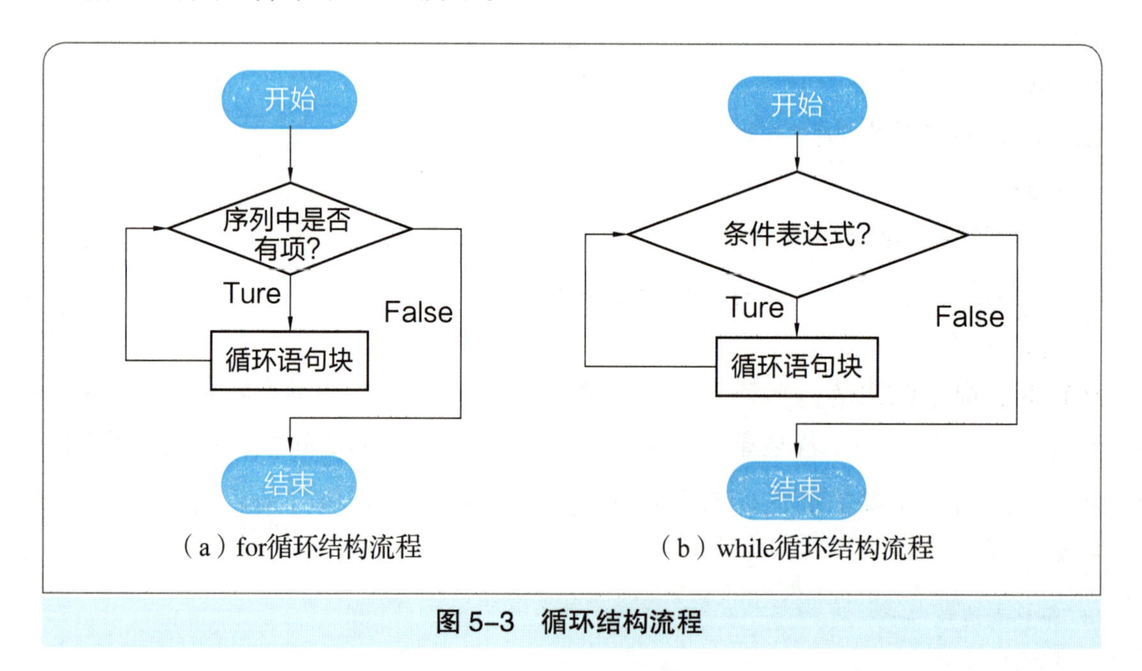

图 5-3　循环结构流程

1. for 循环

for 循环常用于遍历字符串、列表、元组、字典、集合等序列类型，逐个获取序列中的各个元素。for 循环的语法格式如下：

```
for 迭代变量 in 字符串 | 列表 | 元组 | 字典 | 集合:
    循环语句块
```

迭代变量用于存放从序列类型变量中读取出来的元素，所以一般不会在循环中对迭代变量手动赋值；语句块指的是具有相同缩进格式的多行代码（和 while 一样），由于和循环结构联用，因此语句块又称为循环体。

【例 1】有如下程序：

```
add = "我爱祖国"
for ch in add:    # for 循环，遍历 add 字符串
    print(ch)
```

运行时，显示结果为：

```
我
爱
祖
国
```

【例 2】有如下程序：

```
MyList = [1, 2, 3, 4, 5]
s=0
for n in MyList:
  s=s+n
print('s =', s)
```

运行时，显示结果为：

```
s = 15
```

【例 3】有如下程序：

```
for i in range(5):  #迭代变量取值范围为 0~4
    print(i)
```

运行时，显示结果为：

```
0
1
```

【例 4】有如下程序：

```
for i in range(1, 5):  #迭代变量取值范围为 1~4
    print(i)
```

运行时，显示结果为：

```
1
2
```

2. while 循环

在 while 循环中，只要条件满足就会一直循环语句块。Python 中，while 表示的信息是当……时候，也就是说当 while 循环的条件满足时，会一直执行循环语句块。其具体流程为：首先判断条件表达式的值，其值为真（True）时，则执行循环语句块，当执行完毕后，再回过头来重新判断条件表达式的值是否为真，若仍为真，则继续重新执行语句块……如此循环，直到条件表达式的值为假（False），才终止循环。while 循环的语法格式如下：

```
while < 条件表达式 > :
    < 循环语句块 >
```

【例 1】有如下程序：

```
# 显示 1~10 的偶数
i = 0
while i <10:
    i+= 2    # 等价于 i = i + 2, 即取下一个偶数
    print(i)
```

运行时，显示结果为：

```
2
4
6
8
10
```

【例 2】有如下程序：

```
# 计算 1~10 的偶数和
i = 0
s = 0
while i < 10:
    i = i + 2
    s = s + i
print('i=',i,',s=',s)
```

运行时，显示结果为：

```
i= 10, s= 30
```

【例 3】有如下程序：

```
# 计算 1~10 的数中能被 3 整除的整数和
i = 1
```

```
s = 0
while i < 10:
 if i % 3 == 0:
          s = s + i
 i+=1
print('i=',i,',s=',s)
```

运行时，显示结果为：

```
i= 10, s= 18
```

3. 提前结束

即在循环结束前就强制结束循环。Python 提供了两种强制离开当前循环体的办法：

用 continue 语句，可以跳过执行本次循环体中剩余的语句，转而执行下一次的循环。

用 break 语句，可以完全终止当前循环。

【例 1】有如下程序：

```
ad="http://www.baidu.com, http://www.aidaxue.com/activity/mutual"
for i in ad:
 print(i, end="") #显示后不换行
 if i == ', ':
  #终止循环
   break
print(i, end="")
```

运行时，显示结果为：

```
http://www.baidu.com,
```

【例 2】有如下程序：

```
ad = "http://www.baidu.com, http://www.aidaxue.com/activity/mutual"
# 一个简单的for循环
for i in ad:
  if i == ', ':
      print(    )   # 换行，若为print('\n')则换两次行
      continue  # 忽略本次循环的剩下语句，提前进入下一轮循环
  print(i, end="")
```

运行时，显示结果为：

```
http://www.baidu.com
http://www.aidaxue.com/activity/mutual
```

例题分析

例题 1

【填空题】Python 采用代码__________和__________来区分语句块之间的层次。

【答案】缩进　冒号

【解析】在 Python 中，行尾的冒号和下一行的缩进，表示下一个语句块的开始，而缩进的结束则表示此语句块的结束，语句块中的每行必须是同样的缩进量。

例题 2

【单选题】如图 5-4 所示的流程图片断，是反映某班下课的流程：

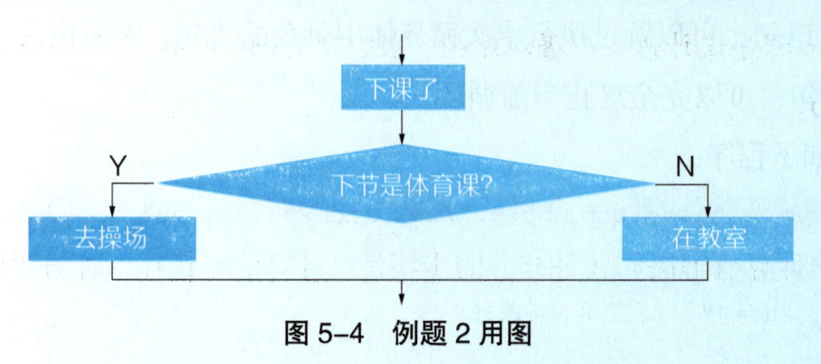

图 5-4　例题 2 用图

它的程序结构属于（　　）。

A. 循环结构　　B. 树形结构　　C. 分支结构　　D. 顺序结构

【答案】C

【解析】本题图中对判断的问题分成了两种情况，不同情况执行不同的任务，属于双分支结构，故本题选 C。

例题 3

【单选题】关于 Python 程序设计语言，下列说法不正确的是（　　）。

A. Python 是一种解释型、面向对象的计算机程序设计语言

B. Python 支持 Windows 操作系统，但不支持 Linux 系统

C. Python 源文件以 .py 为扩展名

D. Python 文件不能直接在命令行中运行

【答案】B

【解析】Python 是一种解释型、面向对象的计算机程序设计语言，支持 Windows 操作系统，也支持 Linux 系统。Python 源文件以 .py 为扩展名；Python 文件不能直接在命令行中运行。故本题选 B。

例题 4

【多选题】有关循环结构的说法正确的是（　　）。

A. 循环结构是算法的基本结构之一

B. 并不是每一个程序都必须有循环结构

C. 在 Python 程序设计语言中循环结构一般使用 if 语句实现

D. 循环结构在程序设计中有可能会有嵌套出现

【答案】ABD

【解析】循环结构是算法的基本结构之一，用于需要反复执行的程序段，有的程序设计中无反复执行的语句，就不用循环结构；循环结构中允许再包含循环，即循环嵌套；在 Python 程序设计语言中循环结构一般使用 for 或 while 语句，而 if 是分支语句，故本题选 ABD。

例题 5

【判断题】计算机解决问题最核心的步骤是设计算法、选择一种编程软件。（　　）

【答案】×

【解析】计算机解决问题的步骤：分析问题、设计算法、编写程序、调试运行、检测结果，其中最核心的步骤是设计算法，故本题错误。

练习巩固

一、填空题

1. 在 Python 语句行中使用多条语句，语句之间使用________分隔；如果语句太长，可以使用________作为续行符。

2. 学习爬虫程序，必须对________代码中的标签有基本的了解。

3. 用于安装 Python 第三方库的工具是________。

4. 有如下 Python 程序，当程序运行后输入 9000 时，则程序输出结果为________。

```
salary=float(input())
if salary<=5000:
```

```
tax=0
elif salary<=7000:
tax=(salary-5000)*0.1
elif salary<=10000:
tax=200+(salary-7000)*0.2
else:
tax=800+(salary-10000)*0.4
print(salary-tax)
```

5. 实现用户输入用户名和密码，当用户名为 admin888 且密码为 abc123 时，显示登录成功，否则登录失败，允许重复输入三次，画线处应填（　　）。

```
for i in range(3):
name = input("请输入用户名:")
key = input("请输入密码:")
if name == "admin888" and key == "abc123":
    print("登录成功!")
    break
elif i < 2:
    print("登录失败!请重新输入。")
else:
    print("登录失败!")
```

二、单项选择题

1. for 循环语句冒号后的语句（　　）。

A. 仅第一行需要缩进　　B. 根据算法步骤缩进

C. 所有行都不需要缩　　D. 所有行都需要缩进

2. 以下关于 Python 语句的叙述中，正确的是（　　）。

A. 同一层次的 Python 语句必须对齐

B. Python 语句可以从一行的任意一列开始

C. 在执行 Python 语句时，可发现注释中的拼写错误

D. Python 程序的每行只能写一条语句

3. 代码 print（1 if 'a' in 'ABC' else 2）执行结果是（　　）。

A. 0　　B. 1　　C. 2　　D. 报错

4. 下列程序的运行结果是（　　）。

```
x=y=10
x,y,z=6,x+1,x+2
```

```
print(x,y,z)
```

A. 10 10 6　　B. 6 10 10　　C. 6 7 8　　D. 6 11 12

5. 关于 Python 语言的注释，以下选项中描述错误的是（　　）。

A. Python 语言有两种注释方式：单行注释和多行注释

B. Python 语言的单行注释以 # 开头

C. Python 语言的多行注释以“'''”（三个单引号）开头和结尾

D. Python 语言的单行注释以单引号“'”开头

6. 以下关于循环控制语句描述错误的是（　　）。

A. Python 中的 for 语句可以在任意序列上进行迭代访问，例如列表、字符串和元组

B. 在 Python 中 if…elif…elif…结构中必须包含 else 子句

C. 在 Python 中没有 switch-case 的关键词，可以用 if…elif…elif…来等价表达

D. 循环可以嵌套使用，例如一个 for 语句中有另一个 for 语句，一个 while 语句中有一个 for 语句等

7. 以下关于 Python 的说法中正确的是（　　）。

A. Python 中函数的返回值如果多于 1 个，则系统默认将它们处理成一个字典

B. 递归调用语句不允许出现在循环结构中

C. 在 Python 中，一个算法的递归实现往往可以用循环实现等价表示，但是大多数情况下递归表达的效率要更高一些

D. 可以在函数参数名前面加上星号“*”，这样用户所有传来的参数都被收集起来然后使用，星号在这里的作用是收集其余的位置参数，这样就实现了变长参数

8. 下列 Python 语句正确的是（　　）。

A. min = x if x < y else y　　B. max = x > y and x : y

C. if(x > y)print x　　D. while True : pass

9. 以下可以终结一个循环的执行的语句是（　　）。

A. break　　B. if　　C. input　　D. exit

10. 在算法执行流程中，对于循环结构下列说法正确的是（　　）。

A. 对某个情况进行判断，当结果为真时执行步骤一，否则执行步骤二

B. 对某个情况进行判断，当结果为真时执行步骤一，然后再次判断这个情况，依此类推，直到结果为假时结束

C. 仅用循环结构就可以判断某个输入的数是不是正数

D. 循环结构中可以嵌套选择结构，而选择结构中不能嵌套循环结构

三、多项选择题

1. 大多数编程语言都可用的程序结构包括（　　）。

A. 顺序结构　B. 网状结构　C. 选择结构　D. 循环结构

2. 在 Python 中，错误的赋值语句为（　　）。

A. x+y=10　B. x=2y　C. x=y=30　D. 3y=x+1

3. 关于结构化程序设计所要求的基本结构，以下选项中描述正确的是（　　）。

A. 循环（重复）结构　B. 选择（分支）结构

C. goto 跳转　D. 顺序结构

4. 关于分支结构，以下选项中正确的是（　　）。

A. if 语句中条件部分可以使用任何能够产生 True 和 False 的语句和函数

B. 双分支结构有一种紧凑形式，使用保留字 if 和 elif 实现

C. 多分支结构用于设置多个判断条件以及对应的多条执行路径

D. if 语句中语句块执行与否依赖于条件判断

5. 以下关于 Python 程序语法元素的描述中，正确的是（　　）。

A. 段落格式有助于提高代码可读性和可维护性

B. 虽然 Python 支持中文变量名，但从兼容性角度考虑还是不要用中文名

C. true 并不是 Python 的保留字

D. 并不是所有的 if、while、def、class 语句后面都要用“：”结尾

四、判断题

1. Python 语言是一种脚本编程语言。（　　）

2. 要用 from turtle import turtle 来导入所有的库函数。（　　）

3. 使用 range ( ) 函数可以指定 for 循环的次数，“for i in range（5）”表示循环 5 次，i 的值是从 1 到 5。（　　）

4. 在使用爬虫程序的时候，可以任意使用爬取的数据，不用管爬取数据的版权。（　　）

5. 遍历循环使用 for <循环变量> in <循环结构> 语句，其中循环结构不能是文件。（　　）

五、实践操作题

1. 编写一个程序，输出 1000 以内的水仙花数。所谓水仙花数，即一个三位数，将各个数位的数字的三次方相加，恰好等于该三位数本身。如 $153=1^3+5^3+3^3$。

2. 编写一个简单的爬虫程序，输入某个网页的 URL 地址，输出该网页中的所有图片的 URL 地址。

专题6 制作数字媒体作品

专题目标

（1）了解数字媒体技术的发展及其文件类型、格式和特点。

（2）会获取、加工数字媒体素材并进行不同格式的文件转换。

（3）了解数字媒体信息采集、编码和压缩等技术原理。

（4）会对图像、音频、视频等素材进行采集、编辑、处理。

（5）了解数字媒体作品设计的基本规范，会集成数字媒体素材并制作数字媒体作品。

（6）了解虚拟现实与增强现实技术的发展，体验应用效果，能使用虚拟现实与增强现实技术工具体验应用效果。

任务 1 认识数字媒体

任务目标

◎了解数字媒体技术的发展；

◎了解数字媒体文件的类型、格式及特点；

◎了解虚拟现实与增强现实技术的发展；

◎能使用虚拟现实与增强现实技术工具体验应用效果；

◎了解制作数字媒体作品的一般步骤。

任务梳理

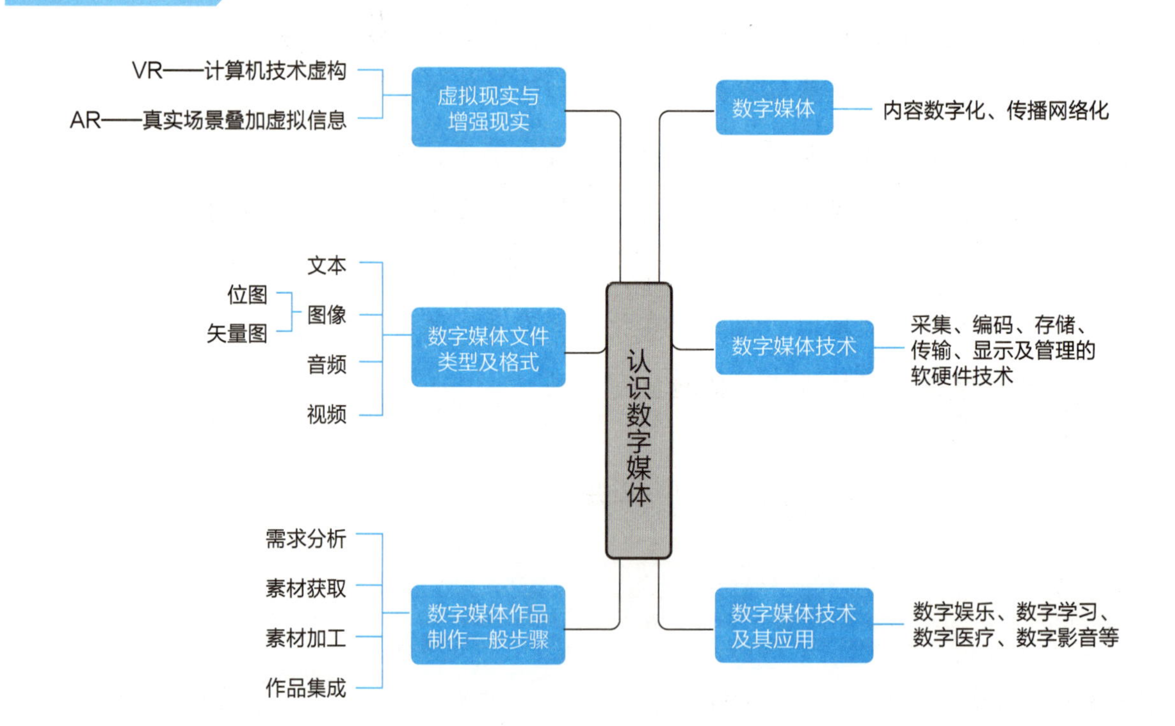

■ 知识进阶

数字媒体（ Digital Media ）是指利用计算机存储、加工和传输的媒体的统称，它是内容作品的数字化表现。与传统媒体相比，其特征不仅在于内容的数字化，更在于传播手段的网络化，但不限于网络传播。

数字媒体技术（Digital Media Technology ）是将感觉媒体（文字、图像、声音、视频等）进行数字化采集、编码、存储、传输、显示及管理等的软硬件技术。其在数字娱乐、数字学习、数字医疗、电子政务、数字影音等领域发挥着重要作用，提升了用户体验度。

虚拟现实（ Virtual Reality，VR ）是利用计算机技术构建的虚拟场景，通过专门设备在视、听、触等感、知觉方面进行模拟，营造出真实氛围。钱学森先生曾于 20 世纪 90 年代为虚拟现实取名为“灵境”（图 6–1 ）。增强现实（ Augmented Reality，AR ）则是在真实世界上通过穿戴设备或智能终端叠加虚拟信息。在 AR 基础上，如果实现虚拟世界、真实世界和用户之间的信息交互，即是混合现实（ Mixed Reality，MR ）。

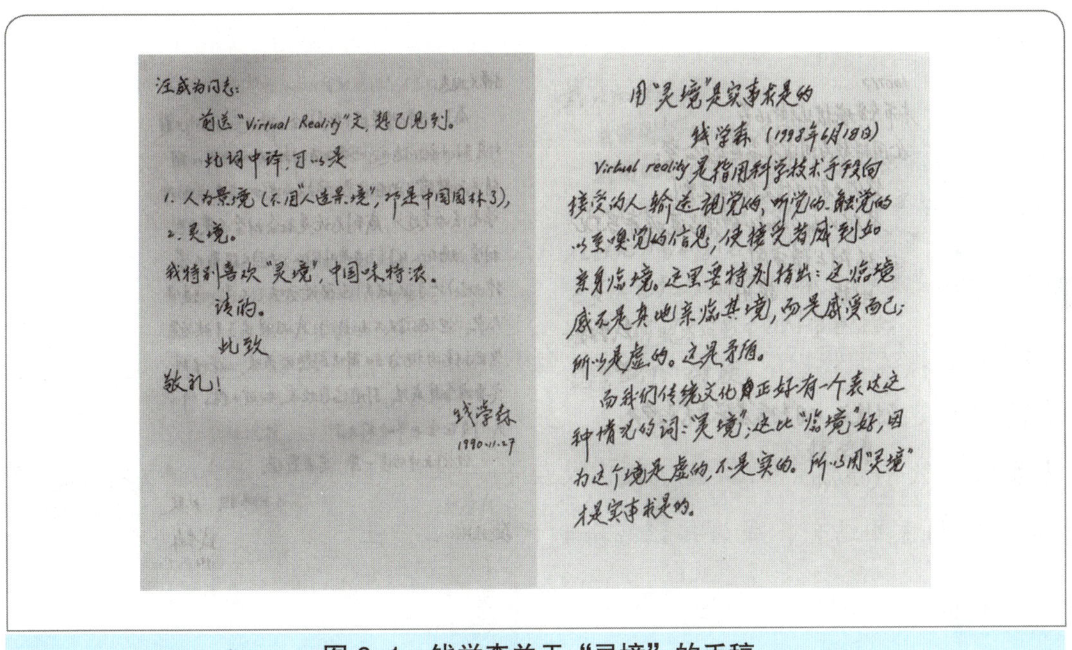

汪成为同志：

前送“Virtual Reality”文，想已见到。

此词中译，可以是

1. 人为景境（不用“人造景境”，那是中国园林了），
2. 灵境。

我特别喜欢“灵境”，中国味特浓。

请酌。

此致

敬礼！

钱学森

1990.11.27

用“灵境”是实事求是的

钱学森（1998年6月18日）

Virtual reality是指用科学技术手段向接受的人输送视觉的、听觉的、触觉的以至嗅觉的信息，使接受者感到如亲身临境。这里要特别指出：这临境感不是真地亲临其境，而是感受而已，所以是虚的。这是矛盾。

而我们传统文化中正好有一个表达这种情况的词：“灵境”，这比“临境”好，因为这个境是虚的，不是实的。所以用“灵境”才是实事求是的。

图 6–1　钱学森关于“灵境”的手稿

常见的数字媒体文件类型有：文本文件、图像文件、音频文件和视频文件（表 6–1 ）。

表 6–1　常见数字媒体文件类型

文件类型	描述	常见格式
文本	广义地理解为任何由书写固定下来的话语，它是由各种字符组成的；狭义理解则是指存储在计算机中的字符形式的文字信息	WPS、TXT、DOC、PDF、HTML、XLS 等

续表

文件类型	描述	常见格式
图像	分为位图和矢量图。位图由像素组成，缩放后会失真；矢量图由软件合成，缩放后不会失真	位图常见格式：BMP、JPEG、GIF、TIFF 等。 矢量图常见格式：CDR、AI、SVG 等
音频	包含频率、振幅和波形 3 个基本特征，对应音调、响度和音色。数字音频较模拟音频应用更为广泛	WAV、MP3、ACC、FLAC、WMA 等
视频	连续画面记录信息，帧频越高画面越流畅，一般超过 24 帧 / 秒就难以感知卡顿	AVI、MP4、MKV、MOV、WMV、MPG、VOB、FLV 等

根据《中华人民共和国著作权法》等相关法律法规，数字媒体作品的版权受法律保护，我们应在授权范围内使用他人的数字化作品。

制作数字媒体作品的一般流程包括需求分析、素材获取、素材加工、作品集成 4 个步骤。

例题分析

例题 1

【填空题】数字媒体产业的主要特征有数字化、________、________、________。

【答案】交互性　网络性　高效性

【解析】数字媒体产业以数字化、交互性、网络性、高效性为主要特征，将信息技术与内容创意相结合，成为知识经济时代的核心产业。

例题 2

【单选题】下列属于数字媒体文件载体的是（　　）。

A. 报刊　　B. 书籍　　C. 硬盘　　D. DM 单

【答案】C

【解析】数字媒体指利用计算机存储、加工和传输的媒体的统称。数字媒体文件的存储设备通常为计算机系统的存储设备。

例题 3

【单选题】小张进入学校时，学校门口的屏幕上出现了他的影像，并在头部位置显示了他当前体温为 36.4℃。这属于数字媒体在（　　）方面的应用。

A. 虚拟现实　　B. 增强现实　　C. 教学　　D. 门禁

【答案】B

【解析】将虚拟信息叠加在真实世界上的应用属于增强现实。

例题 4

【多选题】下列文件中属于图像文件的有（　　）。

A. 歌唱祖国 .mp3　B. 建国大业 .avi　C. 元旦 .jpeg　D. 校庆 .cdr

【答案】CD

【解析】常见图像文件格式包括 BMP、JPEG、GIF、TIFF、CDR、AI 等。MP3 属于音频文件，AVI 属于视频文件。

例题 5

【判断题】数码相机拍摄的图片可以无限放大且不会失真。（　　）

【答案】×

【解析】数码相机拍摄的图片属于位图也叫点阵图，是由一个一个像素组成的，当图像放大时会失真。

练习巩固

一、填空题

1. 数字媒体是指利用计算机__________、__________和传输的媒体的统称。

2. 将感觉媒体进行数字化采集、编码、存储、传输、显示及管理等的软硬件技术称为__________。

3. 虚拟现实技术的应用越来越广，它是通过__________技术构建出虚拟场景，并通过专门的设备在视、听、触等感、知觉方面进行模拟，从而营造出真实的氛围。

4. 请列举出 4 种文本文件的格式：__________、__________、__________、__________。

5. 制作数字媒体作品的一般步骤包括__________、__________、__________和__________。

二、单项选择题

1. 小小帮助舅舅通过短视频平台销售产品属于数字媒体技术在（　　）方面的应用。

A. 数字娱乐　　B. 数字学习　　C. 电子商务　　D. 虚拟仿真

2. 小小计划给学校社团设计一个标志，为了以后能在不同的场景使用（如大幅面海报印刷、移动终端广告、宣传册印刷、宣传视频嵌套等），制作成（　　）格式最好。

A. JPG　　B. CDR　　C. BMP　　D. MP4

3. 将报刊上的一段文字录入计算机中，最快的方法是（　　）。

A. OCR 识别　　B. 键盘录入　　C. 语音录入　　D. 鼠标录入

4. 4D 电影技术除了给人以声、光的感知以外，还能通过座椅动态反馈场景中的部分动作。该技术是数字媒体技术在（　　）方面的应用。

A. 数字学习　　B. 虚拟仿真　　C. 电子政务　　D. 数字出版

5. 下列不属于数字媒体素材的是（　　）

A. 存放在手里的录音　　B. 云盘中的照片

C. 微信聊天记录中的文字　　D. 手绘的美术作品

6. 使用某移动终端 App 对准花草拍照，可迅速在花草图像上显示其品名及其他信息，这是属于数字媒体技术在（　　）方面的应用。

A. 虚拟现实　　B. 增强现实　　C. 电子政务　　D. 数字出版

7. 下列属于矢量图形特性的是（　　）。

A. 由若干像素点组成　　B. 放大或缩小不会失真

C. 放大或缩小会失真　　D. 可通过相机拍摄得到

8. 某人唱歌声音很尖，其实是指声音的（　　）高。

A. 频率　　B. 振幅　　C. 波形　　D. 波长

9. 视频实际上是连续画面的高频率播放，一般达到（　　）后人眼不易察觉卡顿。

A. 12 帧 / 秒　　B. 24 帧 / 秒　　C. 30 帧 / 秒　　D. 120 帧 / 秒

10. 下列说法中正确的是（　　）。

A. 网络给素材的获取带来了极大的便捷，所以可以随意使用网络中获取的素材

B. 数字媒体技术仅能用于移动终端

C. 数字媒体作品的制作必须依赖于软件

D. 网络是数字媒体作品唯一的传播渠道

三、多项选择题

1. 下列应用中属于数字媒体技术应用的有（　　）。

A. 在线影视　　B. 直播带货　　C. 电视广告　　D. 数码拍照

2. 音频的基本特性包括（　　）。

A. 频率　　B. 振幅　　C. 波长　　D. 波形

3. 当需要输入大量文字时可以提高效率的方法有（　　）。

A. OCR 识别　　B. 键盘录入　　C. 语音录入　　D. 鼠标录入

4. 下列属于虚拟仿真技术应用的有（　　）。

A. 全景展示　　B. 体感游戏　　C. 医疗仿真　　D. 虚拟看房

5. 制作数字媒体作品的一般步骤包括（　　）。

A. 需求分析　　B. 素材获取　　C. 素材加工　　D. 作品集成

四、判断题

1. 数字音频在加工、复制、发布等环节中是不会衰减的。（　　）

2. 一般情况下视频文件的帧频越高画面越流畅。（　　）

3. 由于数字媒体文件广泛传播于网络，所以只要能下载我们就可以随便使用。（　　）

4. 大量手写文本的录入采用 OCR 识别是较为快捷的方式。（　　）

5. 由于 MP4 格式压缩率高、通用性强，所以是目前较为主流的视频格式之一。（　　）

任务2 制作宣传图片

任务目标

◎了解图形图像相关术语；

◎了解图像文件的类型、格式及特点；

◎了解图像拍摄的常用工具和构图方法；

◎了解图像处理的常用软件；

◎能使用工具获取图像；

◎能对图像文件进行美化、修改及格式转换等。

任务梳理

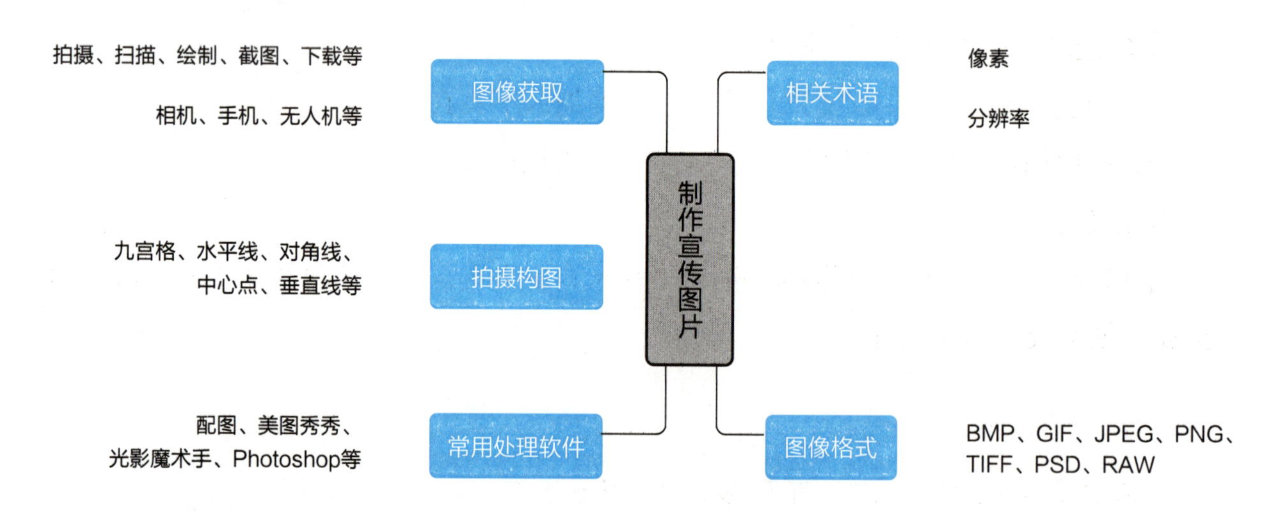

知识进阶

矢量图是利用计算机软件通过特定算法生成的，放大或缩小不会影响其质量。位图是由若干像素组成的，缩放会影响其质量。

不同格式的图像文件，采用不同的压缩和封装方式，占用的空间大小、图像显示的效果也不一样。数码相机拍摄的RAW格式文件记录了拍摄时的原始数据，其后期处理空间最大。JPG 格式文件因其占用空间小、显示效果优良，最为常用。PNG 格式文件是主流的 WEB 图像格式，支持透明和交错技术。PSD 图像能够分层存储图像信息，是 Photoshop 软件的专用格式。

常见的构图方法除了九宫格构图、水平线构图、对角线构图等，还包括消失点构图、斜线构图等。良好的构图可以使画面主题更加突出，画面语言更加丰富。

图像处理软件种类繁多，目前国产软件的功能已经能够完全满足日常需求，轻量化、便捷化、智能化是这类软件的主要发展趋势。图像处理包括修补、调色、裁剪、调尺寸、加文字、转格式等。

例题分析

例题 1

【填空题】像素具有不同的__________和__________等属性。

【答案】颜色 亮度

【解析】像素是位图的基本组成单位，它有不同颜色和亮度等属性。

例题 2

【单选题】矢量图的特点是（　　）。

A. 颜色丰富　　B. 缩放不失真

C. 可用相机直接拍摄而成　　D. 占用空间大

【答案】B

【解析】矢量图是由计算机软件通过特殊算法生成，无法用相机等设备直接拍摄生成，且缩放后不会失真。

例题 3

【单选题】1 280 × 720 分辨率的图片，其水平方向上的像素值是（　　）。

A. 1 280　　B. 640　　C. 720　　D. 360

【答案】A

【解析】分辨率 1 280 × 720 是指水平方向像素值为 1 280，垂直方向像素值为 720。

例题 4

【多选题】下列属于位图文件的有（　　）。

A. 熊猫 .bmp　　B. 九寨沟 .psd　　C. 成都 .cdr　　D. 祖国 .png

【答案】ABD

【解析】位图常见格式包括：BMP、GIF、JPEG、PNG、PSD、TIFF 等，CDR 是 CorelDRAW 软件生成的矢量图形格式文件。

例题 5

【判断题】分辨率只是用于表示图像的显示大小，不同分辨率的图像其文件大小其实是一样的。（　　）

【答案】×

【解析】每一个像素都有着不同的颜色、亮度、位置等特性，都需要存储空间来记录这些。另外，不同格式的图像文件，因其压缩算法、压缩比例不同，其文件大小也有所不同。所以图像文件的大小因格式、分辨率、内容等的不同，也会有所区别。

练习巩固

一、填空题

1. 手机拍摄的照片属于__________图，它是由若干连续且具有不同颜色和__________等属性的点组成的。

2. 某图像的显示分辨率是 600×480，即表示其水平方向上有__________个像素，垂直方向上有__________个像素。

3. 图像的 PPI 值越高，其单位面积的像素点就越__________，画面细节就越__________。

4. 相同格式的图像，压缩比例越低，其图像质量越__________。

5. 快门速度越快，曝光时间越__________，画面越__________，反之亦然。

二、单项选择题

1. 组成位图的基本元素是（　　）。

A. 点　　B. 像点　　C. 像素　　D. 噪点

2. 分辨率为 800 × 600 的图像，其像素总数是（　　）。

A. 48 000　　B. 480 000　　C. 240 000　　D. 24 000

3. 可以用于衡量打印机输出精度的指标是（　　）。

A. 分辨率　　B. PPS　　C. PPI　　D. DPI

4.（　　）格式图像称为“数字底片”，其后期调整空间最大。

A. RAW　　B. JPG　　C. BMP　　D. PNG

5. 下列构图方式中，更适用于表现动感、生机的是（　　）。

A. 九宫格　　B. 水平线　　C. 对角线　　D. 中心点

6. 下列图像分辨率属于 16：9 画面的是（　　）。

A. 800 × 600　　B. 1 024 × 768　　C. 1 280 × 720　　D. 2 048 × 1 024

7. 对于拍摄时曝光不足（欠曝）的照片，一般应采取的措施是（　　）。

A. 拉高亮部　　B. 拉高暗部　　C. 调整曝光度　　D. 调整对比度

8. 常用的图像处理手段不包括（　　）。

A. 裁剪　　B. 调色　　C. 重命名　　D. 修补

9. 对图片进行命名时，一般不包括（　　）。

A. 日期、时间　　B. 主题　　C. 作者　　D. 天气

10. 夜间拍摄月亮时将快门速度设置为 1/400 秒，画面大概率会（　　）。

A. 过曝　　B. 欠曝　　C. 模糊　　D. 刚好合适

三、多项选择题

1. 下列属于图像获取途径的有（　　）。

A. 拍摄　　B. 下载　　C. 绘制　　D. 扫描

2. 下列格式文件中，支持透明通道的有（　　）。

A. GIF　　B. TIFF　　C. PNG　　D. JPG

3. 图片修补一般包括（　　）。

A. 补齐缺失部分　　B. 裁剪　　C. 清除多余部分　　D. 调节明暗

4. 下列属于图像处理软件的有（　　）。

A. 美图秀秀　　B. 光影魔术手　　C. Microsoft Office　　D. Adobe Photoshop

5. 通过曲线可调节画面敏感，曲线调节的属性包括（　　）。

A. 阴影　　B. 暗调　　C. 亮调　　D. 高光

四、判断题

1. 一般情况下，图像越清晰其文件占用空间越多，所以用于 Web 显示的图片越大越好。 （ ）

2. 拍摄产品图片时只要曝光合理、画面清晰就行了，无须考虑构图因数。 （ ）

3. 画面修补工具的实质是利用修补区周围的内容来填充修补区域。 （ ）

4. 在 Photoshop 中，使用曲线调节画面明暗时，暗调往上可提亮暗部，亮调向下可压低亮部。 （ ）

5. 裁剪图像时，只能按照原图比例进行裁剪，不能修改其比例。 （ ）

五、实践操作题

给你的朋友拍摄一张人物肖像，并利用所学工具进行美化。

任务 3　制作人声解说

任务目标

◎了解音频编码技术；

◎了解音频及其相关术语；

◎了解音频文件的类型、格式及特点；

◎了解音频制作软件；

◎能使用工具制作和剪辑音频；

◎能进行音频文件的格式转换。

任务梳理

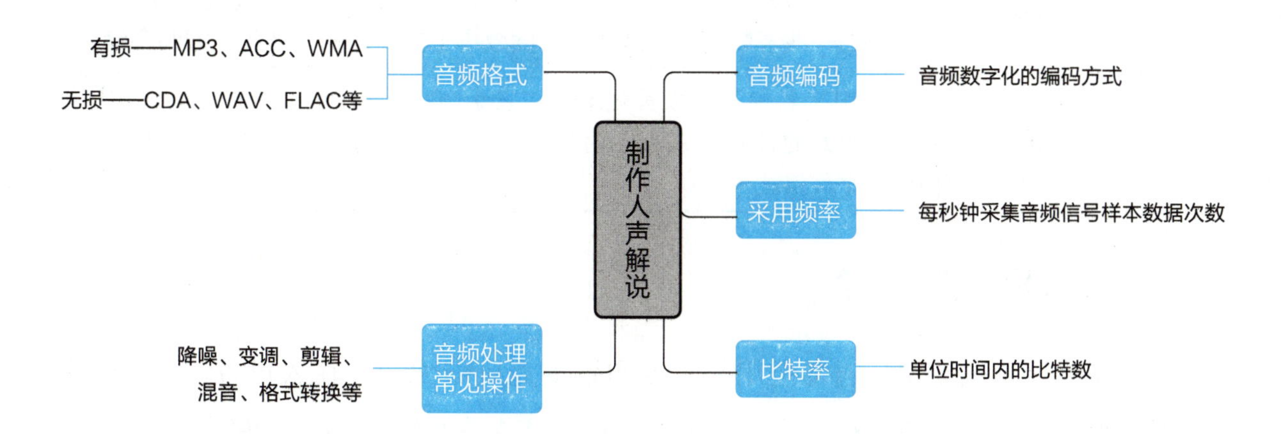

知识进阶

一、音频信号数字化过程

自然界中的声音多种多样，波形极其复杂，通常采用脉冲代码调制对声音进行编码，即 PCM 编码。PCM 通过采样、量化、编码三个步骤将连续变化的模拟信号转换为数字编码。音频信号数字化过程如图 6-2 所示。

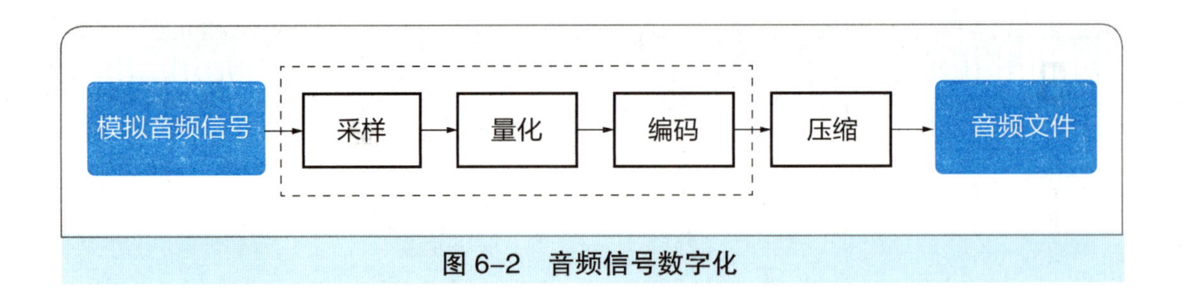

图 6-2 音频信号数字化

二、常见的音频编码

PCM 代表了数字音频的最佳保真水准。相对 PCM 编码，无损编码和有损编码是音频编码的两类常见类型，如表 6-2 所示。

表 6-2 常见的无损编码和有损编码

编码类型	编码名称	描述
无损编码	WAV	WAV 是由微软和 IBM 公司开发的一款音频文件编码格式，音频音质无损，但文件偏大，不太适合容量较小的播放设备
	APE	APE 的压缩率较 WAV 格式更大，但编解码速度略慢。另外，由于没有错误处理功能，因此在发生文件错误时也可能导致数据丢失
	FLAC	FLAC 中文名为自由无损音频压缩编码，其特点是压缩和解压速度快、压缩策略灵活，是无损音频文件格式中应用较广的一种
有损编码	MP3	MP3 是当今应用最广的数字音乐格式，是有损压缩格式，它舍弃了人类不敏感的一些音频信息，从而大幅度减小了文件体积，便于下载和存储
	ACC	ACC 中文名称为高级音频编码。它于 2000 年问世，与 MP3 格式相比能够提供更好的音质和更高的编解码效率，同时也是 iTunes Store 与 iPod 主要使用的文件格式

三、声音输入输出设备

对多媒体计算机来说，通常使用外置或内置麦克风作为音频输入设备，使用音箱、耳机等作为音频输出设备。对于手机、平板等移动终端来说，音频输入常使用内置麦克风、线控耳机、蓝牙耳机等，同时线控耳机、蓝牙耳机也是音频的输出设备。

四、网络配音

配音、声音编辑不仅是广告配音、纪录片配音、影视配音、动漫配音、游戏配音、有声读物等行业的广泛需求，更是线上像喜马拉雅 FM、荔枝 FM、懒人听书、听书听报等内容平台的声音需求，个人用户在工作生活中也有不同程度需求。

五、文字转语音

将文字转换为音频是音频领域比较实用的一个功能。电脑平台上，常见的转换软件有 Balabolka、迅捷文字转语音、浮云合音等；移动终端上，常见的转换软件有美册 App、捷速录音转文字、微信小程序“九锤配音”、“配音家”、“百宝音”、“微配音”、“配音堂”等，也有在线文字转语音的配音软件“滴答配音”等。

例题分析

例题 1

【填空题】用于网络传播的音频考虑到音质与传输效率的平衡，常采用________的比特率。

【答案】128 kbps

【解析】用于网络传播的音频考虑到音质与传输效率的平衡，常采用 128 kbps 的比特率。

例题 2

【单选题】以下设备中，属于声音输入设备的有（　　）。

A. 音响　　B. 耳机　　C. 话筒　　D. 扫描仪

【答案】C

【解析】多媒体计算机常见的声音输入设备有话筒等，而音响、耳机是常见的声音输出设备。扫描仪是将图片、照片、文稿资料等实物的外观扫描后输入电脑中保存起来的一种输入设备。

例题 3

【单选题】小张使用手机给店铺特价活动录制了一段时长 40 秒的宣传音频，可使用（　　）软件转换为 MP3 格式。

A. 音频编辑器　　B. 美图秀秀　　C. 天天 P 图　　D. Photoshop Express

【答案】A

【解析】移动终端常使用的音频处理软件有音频剪辑大师、音频编辑器等，而美图秀秀、天天 P 图、Photoshop Express 是手机编辑照片的 App。

例题 4

【多选题】常见的无损编码方式有（　　）。

A. WAV　　B. FLAC　　C. MP3　　D. WMA

【答案】AB

【解析】常见的无损编码有 WAV、FLAC、APE，而 MP3、WMA 属于有损编码。

例题 5

【判断题】采样频率越高，声音的质量越好。（　　）

【答案】√

【解析】同等情况下，采样率越高，信号记录越精确，音质就越高。

练习巩固

一、填空题

1. 音频处理的常见操作包括________、________、________、________和________等。

2. 数字电视、电影或专业音频作品采样频率多采用________。

3. 网络传播的音频常采用________的比特率。

4. 请列举出4种音频文件的格式类型：________、________、________、________。

5. 将音频文件根据需要进行修改和处理的过程称为________。

二、单项选择题

1. 播放声音时，音量从无到有、从小到大称为（　　）。

A. 渐弱　　B. 渐强　　C. 混音　　D. 转码

2. 下面不属于音频数字化范畴的是（　　）。

A. 播放 MP3　　B. 通话录音　　C. 文本转语音　　D. 播放磁带音乐

3. 将一段文字转为音频，最快的方法是（　　）。

A. OCR 识别　　B. 键盘录入　　C. 语音录入　　D. 鼠标录入

4. 下列（　　）能够决定音质。

A. 音量　　B. 文件大小　　C. 比特率　　D. 音频时长

5. 相同内容、相同时长的音乐，采用（　　）格式文件占用空间最大。

A. MP3　B. ACC　C. FLAC　D. WAV

6. 目前，高于（　　）的音频属于高质量音频。

A. 128 kbps　B. 160 kbps　C. 192 kbps　D. 320 kbps

7. 常见的声音输出设备是（　　）等。

A. 耳机　B. 麦克风　C. 扫描仪　D. 触摸屏

8. 以下不属于音频格式的是（　　）。

A. WAV　B. MP3　C. AVI　D. CD

9. CD 音频多采用的采样频率是（　　）。

A. 48 000 Hz　B. 44 100 Hz　C. 22 050 Hz　D. 11 025 Hz

10. 小张录制一段音频发到喜马拉雅 FM App 上，但是录制中有两处录制重复了，他可以用什么软件解决这个问题？（　　）

A. 音频编辑器　B. 美图秀秀　C. 天天 P 图　D. Photoshop Express

三、多项选择题

1. 下列应用中，属于音频应用的有（　　）。

A. 广告配音　B. 纪录片配音　C. 影视配音　D. 有声读物

2. 可在移动终端上使用的音频处理软件有（　　）等。

A. GoldWave　B. Adobe Audition　C. 音频剪辑大师　D. 音频编辑器

3. 网络上有大量音频应用，比如（　　）等。

A. 喜马拉雅 FM　B. 荔枝 FM　C. 懒人听书　D. 听书听报

4. 常见的有损压缩编码方式有（　　）等。

A. MP3　B. ACC　C. FLAC　D. WAV

5. 计算机平台上，常用音频处理软件有（　　）。

A. GoldWave　B. Adobe Audition　C. 音频剪辑大师　D. 音频编辑器

四、判断题

1. 数字化音频在加工、复制、发布等环节中都不会衰减。（　　）

2. ACC 编码的音频，其音质优于 MP3 编码的音频。（　　）

3. 由于音频文件广泛传播于网络，所以只要能下载我们就可以随便使用。（　　）

4. CD 音频采样频率多采用 44.1 kHz。（　　）

5. 同等条件下，音频比特率越高，音质就越好，文件体积也越大。（　　）

任务 4 制作短视频

任务目标

◎了解视频技术的发展；
◎了解视频及其相关术语；
◎了解视频文件的类型、格式及特点；
◎了解视频制作软件；
◎了解制作短视频作品的一般步骤；
◎能使用短视频制作软件创作短视频作品；
◎了解视频发布平台。

任务梳理

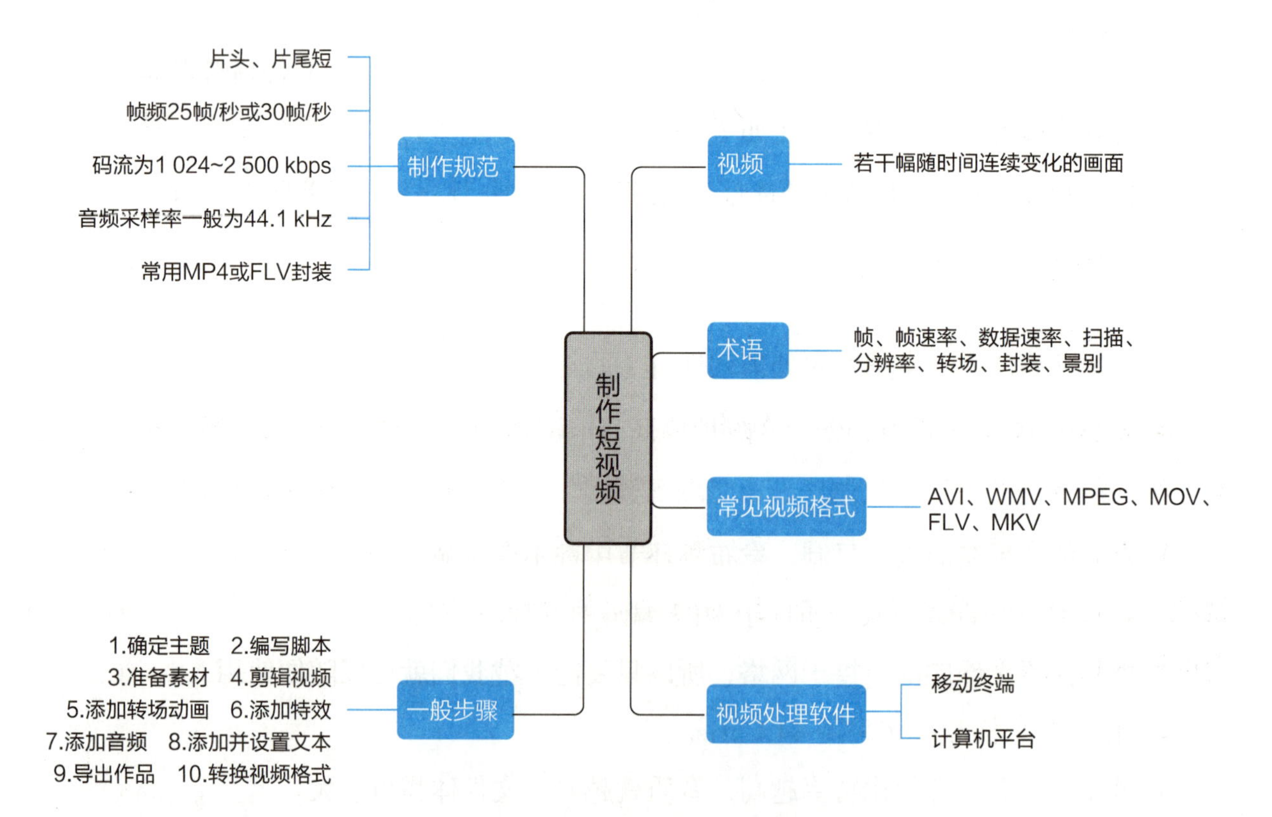

■ 知识进阶

短视频具有碎片化、移动化、视频化等特点。短视频时长短，但内容完整、精炼实用。从拍摄、制作到上传分享，无论是专业摄像机还是普通手机，都能轻松完成。可即拍即传即分享，浏览者也可点赞、分享、关注、私信于内容创作者，增进了人与人、行业与行业的社交黏合度，也为品牌宣传、商品营销等提供了机会。

短视频发布平台较多，主要分为线上、线下两大类。常见的线上短视频发布平台有淘宝、微信、抖音等（表 6–3），常见的线下短视频发布平台有飞机、地铁、公交车、户外大厦、户内楼宇（如入户处、电梯内、地下停车场内）等。

表 6–3 常见的线上短视频发布平台

平台类型	业务特点	常见发布平台
自媒体平台 / 社交平台	可直接和浏览者进行私信、互动	新浪微博、微信、QQ 空间等
内容平台	内容垂直细分	秒拍、美拍、西瓜视频、梨视频等
视频网站	内容精细化	腾讯视频、爱奇艺、咪咕视频、搜狐视频、优酷、B 站等
小视频平台	内容有趣、独特，对拍摄质量要求不高，更多的是推广内容	快手、抖音等
综合资讯类	内容贴近社会热点	今日头条、网易、快报、搜狐等
垂直类 App	App 可提前筛选目标用户	小红书、当当等
互联网电视	可宣传公关、深入品牌	电视猫、芒果 TV、央视频等
电商平台	内容和购物相关	淘宝、京东、苏宁易购等

短视频内容融合了技能分享、幽默搞怪、时尚潮流、社会热点、街头采访、公益教育、广告创意、商业定制等主题。由于内容较短，可以单独成片，也可以成为系列栏目。

常见的短视频类型有知识类短视频、娱乐类短视频、产品推广类短视频、社交类短视频等，也有知识类短视频与社交类短视频、购物类短视频与社交类短视频等的有机结合的短视频（表 6–4）。

表 6-4 常见短视频类型

短视频类型	描述	常见发布平台
知识类短视频	是分享、传播知识与技能的短视频，分享形式立体化、即时化、通俗化。内容创作者们或以有趣生动的语言，或以演示实验的方式介绍着各种有趣的文学、科学等知识。内容不仅有生活科普类、教育培训类、技能教学类，更有各专业领域的文化艺术、摄影剪辑、传统手艺等	抖音、快手、B 站、好看视频、梨视频等
娱乐类短视频	以娱乐大众为目的，形式多样，如小品、相声、短剧等	抖音、快手、美拍、秒拍、腾讯微视、梨视频、B 站等
产品推广类短视频	可带货卖货，产品推广。展现地域风貌和提升经济发展，扶贫助农。短视频拍下家乡美景、民族风情和优质的农副产品，不仅收获点赞、评论，更开启了县域成长的契机，推广农特产并转化为农民的收入	淘宝、京东、西瓜视频、快手等
社交类短视频	既有实时互动的评论，还有私信功能	微信、抖音、快手、腾讯微视、火山小视频、美拍、秒拍、梨视频、百度好看等
资讯类短视频	以移动互联网为载体，时长通常在 3 min 以内，以突发事件、民生新闻、服务性内容、奇闻趣事等信息资讯为主要内容的视频作品，兼具社交属性	我们视频、南瓜视业、澎湃视频、看看新闻、梨视频等
记录生活类短视频	以个人或组织角度记录生活或活动	抖音、快手、西瓜视频、百度好看、腾讯微视等
品牌传播类短视频	帮助企业或个人进行品牌传播。企业或个人通过短视频清晰表达品牌内涵，展示自身形象，并通过留言、私信等回复，与粉丝进行实时交流，快速消除影响，不让负面信息大量传播，缩小了与粉丝之间的距离	微信、抖音、快手、腾讯微视、火山小视频、美拍、秒拍、梨视频等

信息爆炸时代，获取知识，尤其是专业知识的途径很重要，而知识类短视频与社交类短视频有机结合等方式成为我们获取知识的好方法。

例题分析

例题 1

【填空题】短视频的帧频多为每秒__________帧或__________帧。

【答案】25 30

【解析】短视频的帧频多为 25 帧 / 秒或 30 帧 / 秒。

例题 2

【单选题】短视频的视频码流一般为（ ）

A. 1 024~2 500 kbps　　B. 720P

C. 1 080P　　D. 44.1 kHz

【答案】A

【解析】短视频的视频码流一般为 1 024~2 500 kbps。

例题 3

【单选题】小李拍摄短视频《春》时，镜头中只放大呈现一片迎春花花瓣上的水珠，这属于景别的（ ）一类。

A. 远景　　B. 全景　　C. 中景　　D. 特写

【答案】D

【解析】特写是表现人物肩部以上的头像或者被摄对象的细节。

例题 4

【多选题】下列文件中属于视频文件的有（ ）。

A. 如果国宝会说话 .mp4　　B. 舌尖上的中国 .avi

C. 端午节 .jpeg　　D. 我和我的祖国 .mp3

【答案】AB

【解析】常见视频文件格式包括 AVI、WMV、MPEG、MOV、FLV、MKV 等。JPEG 属于图像文件，MP3 属于音频文件。

例题 5

【判断题】某视频分辨率为 1 080P，就代表这个视频的水平方向有 1 920 个像素，垂直方向有 1 080 个像素。（ ）

【答案】√

【解析】一个视频分辨率为720P，代表这个视频的水平方向有1 280个像素，垂直方向有720个像素；分辨率为1 080P，代表这个视频的水平方向有1 920个像素，垂直方向有1 080个像素。

练习巩固

一、填空题

1. 转场分为__________转场和__________转场。

2. 计算机平台常用的视频处理软件有__________、__________、__________、__________、__________等。

3. 视频处理的常见操作包括__________、__________、__________、__________、__________和__________等。

4. 请列举出5种常见的视频文件格式：__________、__________、__________、__________、__________。

5. 制作短视频作品的一般步骤包括__________、__________、__________、__________、__________、__________、__________、__________、__________和__________。

二、单项选择题

1. 小小帮助舅舅通过短视频平台销售产品。这类短视频属于（　　）。

A. 知识类短视频　　B. 娱乐类短视频

C. 社交类短视频　　D. 产品推广类短视频

2. 小小计划给学校社团制作一段宣传性的短视频，制作成（　　）格式较好。

A. JPG　　B. CDR　　C. BMP　　D. MP4

3. 小小通过微信朋友圈分享制作的社团宣传短视频，这类短视频属于（　　）。

A. 知识类短视频　　B. 娱乐类短视频

C. 社交类短视频　　D. 购物类短视频

4. 下列不属于短视频发布平台的是（　　）。

A. 抖音　　B. 快手　　C. 剪映　　D. 淘宝

5. 小李的“秋天怎么拍出韵味？”摄影教学类短视频以 1 秒钟说明主题，几十秒传达出清晰的观点，语言简洁、内容实操性强。这类短视频属于（　　）。

A. 知识类短视频　　B. 娱乐类短视频
C. 社交类短视频　　D. 购物类短视频

6. 抖音上某短视频创作者，以新奇、有趣的形式分享高深的专业知识，精炼实用，又有实验室的检测结果证明，深受观众的信赖。这类短视频属于（　　）。

A. 知识类短视频　　B. 娱乐类短视频
C. 社交类短视频　　D. 购物类短视频

7. 2019 年，抖音平台上有国家非遗项目 1 275 个，非遗项目视频全年被点赞 33.3 亿次。短视频创作者李子柒把中国的织布染色手艺、文房四宝制作、传统刺绣、美食文化等传统文化，通过短视频传承并推出国门，让世界更加了解中国。这类短视频属于（　　）。

A. 知识类短视频　　B. 娱乐类短视频
C. 社交类短视频　　D. 购物类短视频

8. 视频格式转换不可以使用（　　）。

A. 狸窝转换器　　B. 格式工厂
C. 万能图片格式转换器　　D. 视频转换大师

9. 国宴大师在快手上分享美食烹饪方法，这类短视频属于（　　）。

A. 知识类短视频　　B. 娱乐类短视频
C. 社交类短视频　　D. 购物类短视频

10. 小李通过短视频拍下家乡美景、民族风情，介绍家乡优质的农副产品，搭建起从内容制作到电商带货的闭环，这类短视频属于（　　）。

A. 知识类短视频　　B. 娱乐类短视频
C. 社交类短视频　　D. 产品推广类短视频

三、多项选择题

1. 下列应用中可通过短视频实现的有（　　）。

A. 知识分享　　B. 直播带货　　C. 娱乐　　D. 社交

2. 移动终端常见的视频处理软件有（　　）等。

A. 剪映　　B. 美绘　　C. 快影　　D. 来画

3. 短视频一般采用（　　）封装。

A. MP4　　B. FLV　　C. AVI　　D. WMV

4. 下列属于短视频发布平台的是（　　）。

A. 微信　　B. 淘宝　　C. 抖音　　D. 快手

5. 景别一般可分为远景、（　　）。

A. 全景　　B. 中景　　C. 近景　　D. 特写

四、判断题

1. 短视频的音频采样率一般为 44.1 kHz。（　　）

2. 一般情况下，视频文件的帧频越高，画面越流畅。（　　）

3. 由于视频文件广泛传播于网络，所以只要能下载我们就可以随便使用。（　　）

4. 短视频作为音像制品，其制作应遵守国家的相关法律法规。（　　）

5. 同等条件下，码流越大，画面越清晰。（　　）

任务5 集成H5网页

任务目标

◎了解数字媒体集成技术及工具；

◎能使用工具实现H5网页集成；

◎会发布H5网页作品。

任务梳理

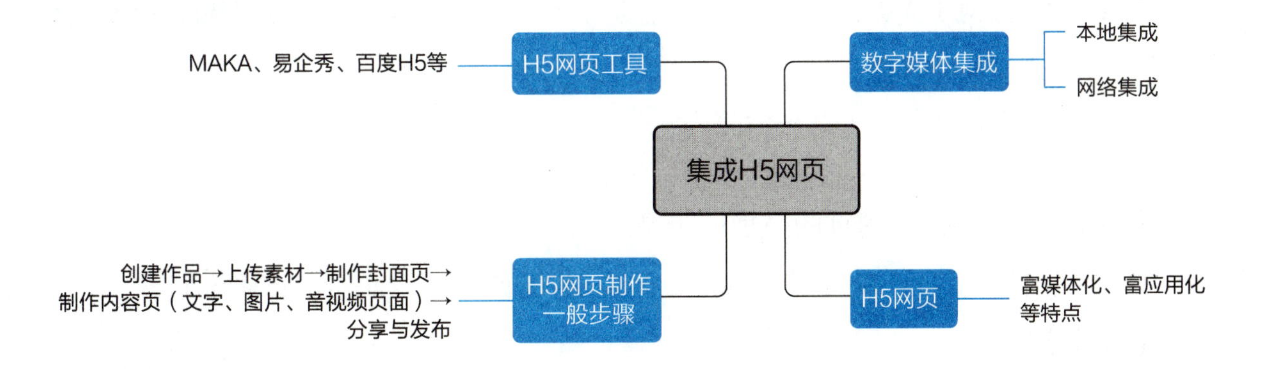

知识进阶

将多种数字媒体素材融合成一个新的数字媒体作品称为数字媒体集成。如将图片、音乐等集成为视频，将视频、音频等集成为影片，将文字、图片等集成为演示文稿等。

本地集成大多以演示文稿、视频等为载体，网络集成大多以短视频、H5网页、动画等为载体。集成后的数字媒体作品，当用于资料保存时要求命名规范、清晰度高，当用于网络发布时还需要大小适中、便于展示。

集成H5网页的一般步骤包括：创建作品、上传素材、制作封面页、制作内容页、分享与发布。根据不同的制作工具还可以适当地添加动画、特效、互动等以增强用户体验。

短视频集成和视频集成的区别在于，短视频作品通常用于短视频平台播放，所以将其归为网络集成。视频集成因大多用于本地存储和播放，故将其归为本地集成。二者在制作流程和方法上并无太大区别。

例题分析

例题 1

【填空题】传统的数字媒体作品集成方式的缺点是__________、__________等。

【答案】缺少互动性　传播性低

【解析】视频和演示文稿是较为常用的数字媒体作品集成方式，它们最大的缺点就是缺少互动性、传播性低。

例题 2

【单选题】相较于本地集成方式，H5 网页集成的数字媒体作品，最大的优点在于（　　）。

A. 兼容性强　　B. 利于传播　　C. 存储方便　　D. 占用空间小

【答案】B

【解析】H5 网页是基于网络的一种集成方式，快速分享与发布是其相较于本地集成最大的优点。

例题 3

【单选题】集成 H5 网页的最后一步是（　　）。

A. 创建作品　　B. 上传素材　　C. 制作页面　　D. 分享发布

【答案】D

【解析】集成 H5 网页的一般步骤包括：创建作品、上传素材、制作封面页、制作内容页、分享发布。

例题 4

【多选题】下列可集成于 H5 网页的包括（　　）。

A. 文字　　B. 音频　　C. 视频　　D. 图片

【答案】ABCD

【解析】H5 网页是基于网络的一种可嵌入多种媒体素材的载体，文字、图片、动画、音频、视频等均可嵌入其中。

例题 5

【判断题】短视频集成的优点在于容量大、播放时间长、作品传播快。　（　　）

【答案】×

【解析】短视频作品上传至平台后，作品传播速度和阅读量较本地传播具有很大的优势，但其播放时长不宜过长。

练习巩固

一、填空题

1. 将图片、文字、音频、动画、视频等素材通过某种软件或平台合成为一个新的数字媒体作品的过程称为__________。

2. 将数字媒体集成为演示文稿的目的是便于__________和__________等用途。

3 按照使用场景的不同，数字媒体集成分为__________集成和__________集成。

4. 短视频集成的主要特点包括__________、__________、__________等。

5. HTML5 较之于前面的版本提升了__________、__________、__________等方面的能力。

二、单项选择题

1. 在分享数字媒体作品时，最便捷的分享方式是（　　）。

A. 拷贝 U 盘分享　　B. 网络链接分享

C. 本地投屏分享　　D. 刻录光盘分享

2. 在分享数字媒体作品时，推广面最大的分享方式是（　　）。

A. 拷贝 U 盘分享　　B. 网络链接分享

C. 本地投屏分享　　D. 刻录光盘分享

3. 下列软件或平台中可用于本地视频集成的是（　　）。

A. Premiere　　B. Photoshop

C. MAKA 平台　　D. 画图

4. 下列软件或平台中可用于网络集成的是（　　）。

A. Premiere　　B. Photoshop　　C. MAKA 平台　　D. 画图

5. 在 H5 集成平台上传素材时创建文件夹的目的在于（　　）。

A. 增强阅读性　　B. 增加存储空间

C. 便于分类管理　　D. 加强版权管理

6. 在 H5 集成平台插入图片后，需要使其左右居中对齐，应选择的功能是（　　）。

A. 垂直居中　　B. 水平居中　　C. 上下居中　　D. 左右居中

7. 在 H5 集成平台插入对象后，通过修改不透明属性可以调整其能见度。下列选项中能见度最低的是（　　）。

A. 20%　　B. 50%　　C. 70%　　D. 100%

8. 由于 H5 网页制作平台大多是基于互联网的，所以在实际使用时都需要先（　　）。

A. 付费　　B. 注册账户　　C. 下载客户端　　D. 测试

9. 演示文稿集成时不能添加的对象是（　　）。

A. 声音　　B. 动画　　C. 图片　　D. 应用软件

10. 下列做法中正确的是（　　）。

A. 直接使用他人具有版权的素材　　B. 修改他人作品为己所用

C. 付费使用商用字体　　D. 为推广引流进行群信息轰炸

三、多项选择题

1. 下列可用于数字媒体集成的有（　　）。

A. 下载的音乐　　B. 拍摄的视频片段

C. 照片　　D. 书写在纸张上的文字

2. 下面属于数字媒体本地集成载体的是（　　）。

A. 演示文稿　　B. 视频　　C. H5 网页　　D. 微博

3. 下面属于数字媒体网络集成载体的是（　　）。

A. 演示文稿　　B. 短视频　　C. H5 网页　　D. 微博

4. 在 H5 集成平台插入素材后，要使其位于页面的中心点，应该选择的操作是（　　）。

A. 垂直居中　　B. 水平居中　　C. 上下居中　　D. 左右居中

5. 下列属于 H5 网页特征的是（　　）。

A. 传播快　　B. 轻量化　　C. 本地化　　D. 易丢失

四、判断题

1. 由于 H5 网页集成具有很多优势，所以它必将替代本地集成。（　　）

2. 在进行数字媒体作品集成时，应遵循内容大于形式的原则。（　　）

3. 短视频集成时因其播放平台大多为移动终端，所以常采用竖式画面。（　　）

4. 将文字通过软件添加到图片上也是数字媒体集成。（　　）

5. 图片上可以添加音乐。（　　）

专题7 信息安全基础

■ 专题目标

（1）了解信息安全基础知识与现状，列举信息安全面临的威胁。

（2）了解信息安全相关的法律、政策法规，具备信息安全和隐私保护意识。

（3）了解网络安全等级保护和数据安全等相关的信息安全制度和标准。

（4）了解常见信息系统恶意攻击的形式和特点，初步掌握信息系统安全防范的常用技术方法。

任务 1 初识信息安全

任务目标

◎认识什么是信息，什么是信息安全；

◎了解信息安全的发展和信息安全面临的威胁；

◎了解与信息安全有关的违法违规行为；

◎能找出潜藏在身边的信息安全风险；

◎养成良好的信息安全意识。

任务梳理

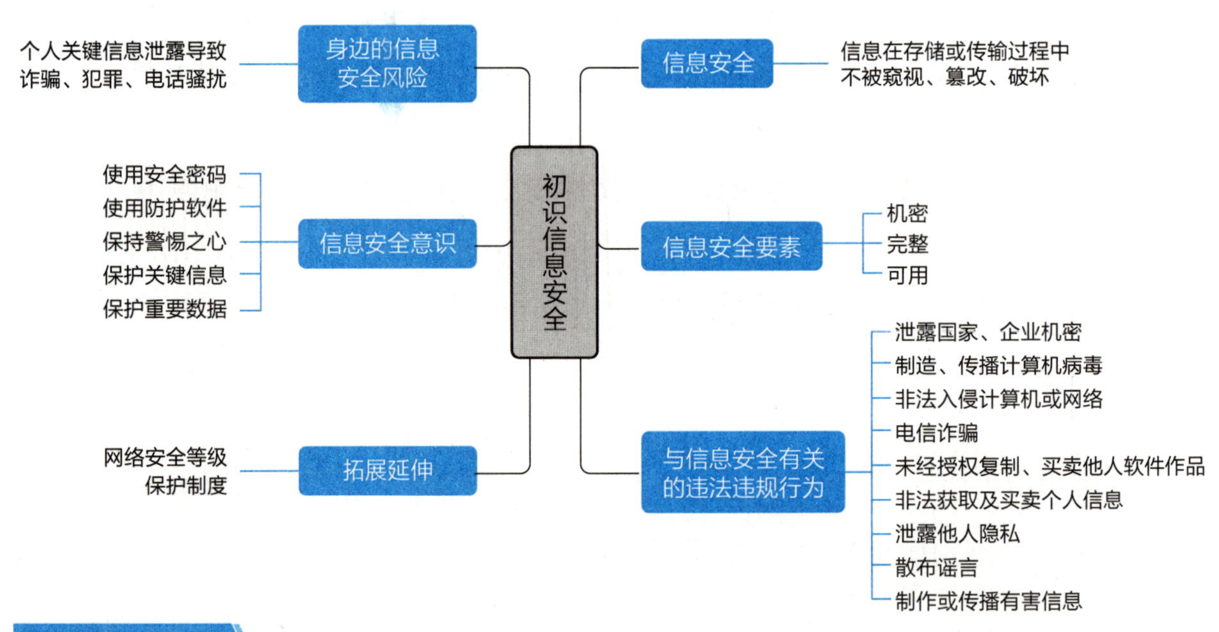

知识进阶

一、个人信息安全及防护

1. 处置废旧电子设备有妙招

手机、PAD、电脑等电子设备上一般都存储有个人通信录、亲友图片、工作文档等信息，常规的删除操作并不能达到彻底删除文件的目的，一旦被不法分子采用技术手段获取到信息，可能导致不可预估的后果，建议在处置前使用文件粉碎工具对设备存储器进行完整数据清除。

2. 注册网站信息留心眼

在浏览网站需要获取一些资料信息时，网站经常会要求注册，并通过完善个人详细资料获得一定积分才有访问权限。在注册并完善个人信息时，除政府、银行等特殊性网站要求填写真实信息外，不建议在互联网平台上留下个人真实信息。还有个别网站提供资源是假，收集用户信息是真，切忌随意填写真实信息。

3. 朋友圈晒图切忌画蛇添足

大家都喜欢在朋友圈、论坛等平台分享美食、旅游图片，切忌将自己所在的位置信息、亲友信息、旅行计划等内容完整地暴露于平台上面，这会让不法分子有可乘之机，实施网络诈骗等违法行为，给家庭、亲友带来不必要的麻烦和风险。

二、信息泄露与预防电信诈骗

1. 信息泄露

信息泄露，实质上是不法技术人员通过某种技术手段和工具获取信息，是一种有别于一般偷盗的违法行为。常见的信息主要包括以下内容：

（1）个人基本信息。主要包括姓名、性别、年龄、身份证号码、电话号码、E-mail 地址及家庭住址等在内的个人基本信息。有时甚至会包括婚姻、信仰、兴趣爱好、职业、工作单位等相对隐私的个人基本信息。

（2）账户信息。主要包括银行账号、微信支付宝等第三方支付账号，QQ 等社交账号、网站账号和重要邮箱账号等。

（3）隐私信息。主要包括通信录信息、通话记录、短信记录、聊天记录、个人视频、照片等。

（4）社会关系信息。主要包括好友关系、亲属关系、家庭成员信息、工作单位信息等。

2. 预防电信诈骗

（1）电信诈骗相关法律依据。

中华人民共和国刑法第二百六十六条【诈骗罪】：诈骗公私财物，数额较大的，处三年以下有期徒刑、拘役或者管制，并处或者单处罚金；数额巨大或者有其他严重情节的，处三年以上十年以下有期徒刑，并处罚金；数额特别巨大或者有其他特别严重情节的，处十年以上有期徒刑或者无期徒刑，并处罚金或者没收财产。本法另有规定的，依照规定。

（2）相关司法解释。

2016 年 12 月 20 日，最高法等三部门发布《关于办理电信网络诈骗等刑事案件适用法律若干问题的意见》再度明确，利用电信网络技术手段实施诈骗，诈骗公私财物价值 3 000 元以上的可判刑，诈骗公私财物价值 50 万元以上的，最高可判无期徒刑。

3. 电信诈骗常见形式

电信诈骗常见形式，见表 7–1。

表 7–1　电信诈骗常见形式

序号	诈骗形式	实施手段
1	冒充银行、移动、电信等工作人员	以银行卡消费、扣年费、密码泄露、电话欠费为名，套取个人信息，进而利用这些信息从事犯罪；以给银行卡升级、验资证明清白，提供所谓的安全账户，引诱受害人将资金汇入犯罪嫌疑人指定的账户
2	冒充公检法、邮政、快递工作人员	以法院有传票、邮包内有毒品，涉嫌犯罪、洗黑钱等，以传唤、逮捕以及冻结受害人名下存款实施恐吓，以验资证明清白、提供安全账户进行验资为由，引诱受害人将资金汇入犯罪嫌疑人指定的账户
3	冒充好友进行诈骗	犯罪嫌疑人事先有意加好友，和 QQ 使用人视频聊天，获取使用人的视频信息，再通过种植木马等黑客手段，盗取 QQ 账号，实施诈骗。诈骗时，分别给使用人的 QQ 好友发送请求借款信息，播放事先录制的使用人视频，以获取信任
4	冒充班主任进行诈骗	犯罪嫌疑人冒充班主任给家长发信息，以提前缴纳各种学费、资料费、活动费等形式实施诈骗活动
5	虚构孩子犯罪、遭绑架实施诈骗	犯罪嫌疑人冒充执行部门，谎称孩子犯罪、遭绑架，要求家长速汇保证金、赎金，家长因惊慌失措而上当受骗
6	利用高薪招聘进行诈骗	犯罪嫌疑人通过群发信息，以高薪招聘“公关先生”“特别陪护”等为幌子，称受害人已通过面试，要向指定账户汇入一定培训、服装等费用后即可上班。步步设套，骗取钱财

4. 电信诈骗预防措施

（1）个人资料不外泄，对不熟悉的平台或者业务尽量不要在手机等终端上操作，尽量到柜面直接办理。

（2）不要轻信陌生电话和短信。当有疑似诈骗电话或短信时，应核实对方身份，不要轻易汇款，公安部门更不可能提供安全账户，指导你转账、设密码。

（3）时刻保持清醒，不因贪小利而受不法分子或违法短信的诱惑。

（4）接到陌生电话、短信或不良信息，要主动向当地公安机关举报。

（5）特别提醒在家老年人，保管好家庭以及个人的各类信息，如银行账号、银行密码、家庭住址等。老年人遇到不明白的事不要急于做决定，要先和家人联系、沟通，防止受骗。

三、网络赌博与预防

1. 网络赌博

网络赌博通常指利用手机、电脑等终端通过互联网组织或参与赌博的违法行为，其类型繁多，如赌球、百家乐、麻将、捕鱼、牛牛等游戏型赌博。

2. 网络赌博的套路

（1）施以小利，让受害人先尝甜头。

（2）后台造假，人为操控，有去无回。

（3）以各种理由限制提现。

（4）提供高利贷款“帮助”。

（5）病毒植入，信息收集，短信炸弹。

3. 网络赌博的后果

（1）网络赌博，逢赌必输。很多人为此倾家荡产，衣食无着，严重危害了人民群众财产安全和合法权益，损害了社会诚信和社会秩序，导致受害者深陷泥潭，具有严重的社会危害性。

（2）网络赌博更容易诱发其他严重刑事犯罪，滋生一系列黑灰产业，严重影响社会治安。

（3）网络赌博导致大量赌资通过地下钱庄等非法金融机构汇至境外，造成资金恶性外流，扰乱了我国外汇管理市场秩序，严重危害着国家的金融安全，也损害了我国的国际形象。

4. 网络赌博安全小措施

（1）在网络赌博违法犯罪活动中，不法分子往往利用购买来的银行卡及账户转移赌资。为避免承担相应的法律责任，不要出租、出借、出售任何形式的个人金融账户，包括银行卡、微信、支付宝、QQ 等各类具有收款、付款、转账等功能的实名账户。

（2）根据相关规定，假冒他人身份或者虚构代理关系开立银行账户或者支付账户的单位和个人，5 年内暂停其银行账户非柜面业务、支付账户所有业务，并不得为其新开立账户。

（3）在我国，参与跨境网络赌博，开设赌博网站是违法犯罪行为，需要承担相应法律风险，请加强防范，自觉抵制。

（4）跨境赌博、网络赌博是骗局，平台背后往往是不法分子在操控输赢，请了解网络赌博套路，认清赌博的危害和后果，切勿相信虚假广告宣传，更不要参与。

（5）提高警惕，不随意将个人信息告知网络中陌生的“好友”。

四、家用摄像头安全

近年来，随着家用摄像头安装的便捷化，家庭监控越来越普及，除了可以实时查看家中情况之外，还具备防盗监测功能。但若用户安全防范意识不足，个人信息泄露会给家庭生活造成极大困扰，家庭摄像头本来是我们用来预防不法分子的一种手段，没想到却给不法分子带来了契机。那么家庭摄像头怎样用才安全呢？

（1）购买渠道正规，不购买三无产品。

（2）密码设置复杂化，不使用简单密码，定期更换密码。

（3）避开隐私区域安装摄像头。

（4）手机定期查杀病毒，保证手机 App 运行安全。

■ 例题分析

例题 1

【填空题】信息安全是指存放信息的__________或__________不被未授权的人侵入或破坏，系统中的信息不被未授权的人查看、__________、__________，包括信息传输过程中的安全以及信息使用中的安全等。

【答案】信息系统　介质　复制　篡改

【解析】信息安全是指存放信息的信息系统或介质不被未授权的人侵入或破坏，系统中的信息不被未授权的人查看、复制、篡改，包括信息传输过程中的安全以及信息使用中的安全等。

例题 2

【单选题】信息安全包括机密、完整、（ ）三个重要方面。

A. 数据烦琐 B. 数据内容完整

C. 可用 D. 最新

【答案】C

【解析】信息安全包括机密、完整、可用三个重要方面。

例题 3

【多选题】与信息安全有关的违法违规行为有（ ）。

A. 泄露国家、企业机密 B. 传播计算机病毒

C. 非法入侵他人网站 D. 电信诈骗

【答案】ABCD

【解析】与信息安全有关的违法违规行为有:（1）泄露国家、企业机密;（2）制造、传播计算机病毒;（3）非法入侵计算机或网络;（4）电信诈骗;（5）未经授权复制、买卖他人软件作品;（6）非法获取及买卖个人信息;（7）泄露他人隐私;（8）散布谣言;（9）制作或传播有害信息。

例题 4

【判断题】要确保数据安全，最常见的技术防范措施包括数据备份。 （ ）

【答案】×

【解析】确保数据安全从技术角度最常见的技术防范措施包括数据备份和数据加密。

练习巩固

一、填空题

1. 信息安全既包括存放信息系统的__________安全，也包括__________的安全。

2. 个人信息安全隐患有银行卡遗失、__________、__________、__________、__________、电话号码泄露等方面。

3. 企业信息安全隐患有企业的员工信息、__________、客户数据等泄露。

4. __________、__________、__________计算机病毒，通过病毒破坏或影响计算机系统、网络系统正常工作，窃取个人__________和__________也是属于违法行为。

5. 常见的电信诈骗形式有冒充熟人或领导、__________、__________、虚构中奖信息等。

二、单项选择题

1. 能自我复制，并能对计算机产生破坏的一组程序或代码叫（　　）。

A. 软件　　B. 病毒　　C. 程序　　D. 恶搞

2. 小小的舅舅为了在网上不泄露信息，他应该怎样做呢？（　　）。

A. 随意下载文件　　B. 随意点击超级链接

C. 对每一条信息都要进行认真审查　　D. 随意填写个人信息

3. 小小的舅舅买了一个新手机，他应该怎样处理自己的旧手机呢？（　　）

A. 送人

B. 直接拿去废品回收站

C. 先进行数据清零再送到电子废品回收站

D. 直接丢掉

4. 非法控制计算机信息系统多少台可以判处三年以下有期徒刑？（　　）

A. 1 台　　B. 10 台　　C. 20 台　　D. 30 台

5. 非法入侵他人计算机信息系统造成（　　）经济损失可以判处三年以下有期徒刑。

A. 1 000 元以上　　B. 5 000 元以上　　C. 10 万元以上　　D. 1 万元以上

6. 以下是计算机病毒最本质的特征的是（　　）。

A. 传染性　　B. 破坏性　　C. 隐蔽性　　D. 潜伏性

7. 以下不是信息安全阶段三个基本属性的是（　　）。

A. 保密性　　B. 可能性　　C. 完整性　　D. 可用性

8.《计算机信息系统安全保护条例》是由中华人民共和国（　　）第 147 号发布的。

A. 计算机协会令　B. 公安部令　C. 国家安全部令　D. 国务院令

9. 计算机信息的数据安全是指（　　）。

A. 计算机能正常工作　B. 计算机中的信息不被泄露、篡改和破坏

C. 计算机不被偷窃　D. 保障计算机使用者的人身安全

10. 如果以下列字符作为密码，哪个相对安全些？（　　）

A. 123456　B. 754321　C. E75432　D. Aa7543

三、多项选择题

1. 常见的违反知识产权的行为有（　　）。

A. 肖像权　B. 专利权　C. 著作权　D. 商标权

2. 以下哪些是与信息安全有关的违法违规行为？（　　）

A. 非法入侵计算机或网络　B. 非法获取及买卖个人信息

C. 泄露他人隐私　D. 散布谣言

3. 以下是计算机病毒的特征的有（　　）。

A. 传染性　B. 破坏性　C. 隐蔽性　D. 潜伏性

4. 以下哪些操作会造成计算机病毒的传播？（　　）

A. 与有病毒的计算机放在一起　B. 安装杀毒软件

C. 复制　D. 网络共享

5. 以下哪些是个人信息安全意识和习惯？（　　）

A. 设置复杂的密码　B. 定期对手机系统软件升级

C. 养成良好的充电习惯　D. 对来路不明的短信链接不点击

四、判断题

1. 随着互联网的普及，大家都在网络上高谈阔论，所以在网络上随意发表信息是正常行为。（　　）

2. 当手机更换以后是不能随意处理的。（　　）

3. 小小在一军事基地外自拍并发在网络上进行打卡，这是正常行为。（　　）

4. 特洛伊木马是被动型病毒。（　　）

5. 在对计算机设置密码时，越简单越好，因为可以很好地记住密码而且不会忘记。（　　）

任务2 构筑信息系统安全防线

任务目标

◎了解计算机系统面临的安全威胁；

◎能实施数据备份或数据加密，防护数据安全；

◎能设置密码、安装防护软件、开启防火墙、修复漏洞，保障计算机系统安全；

◎了解数据加密。

任务梳理

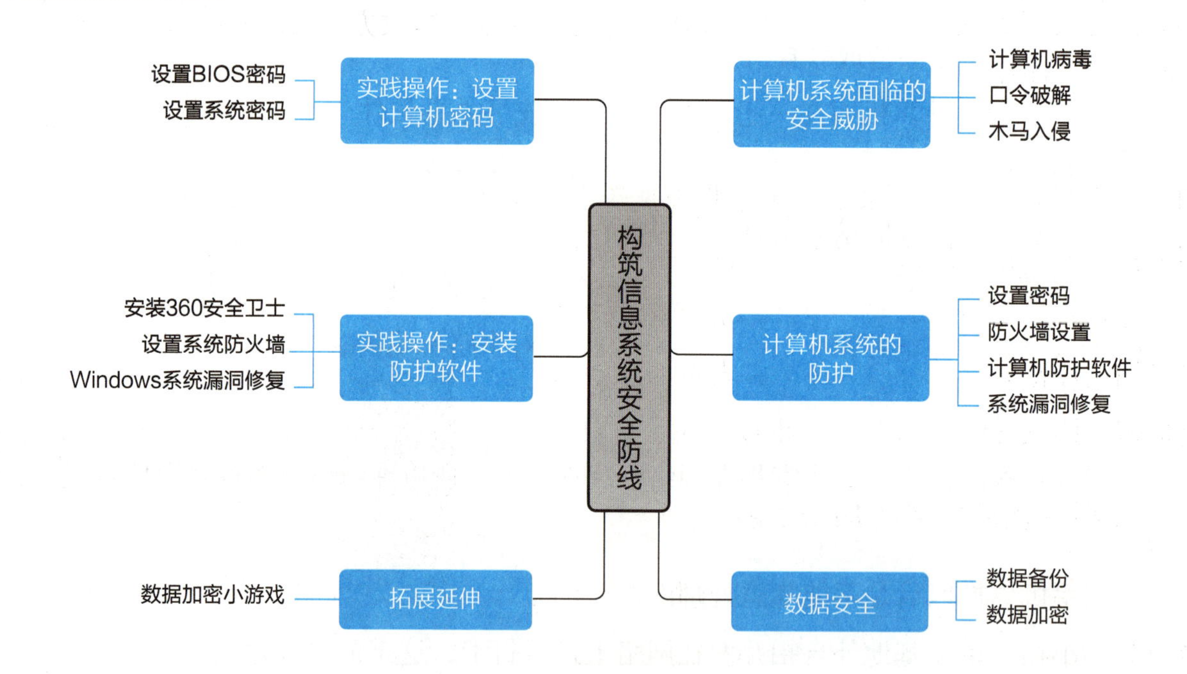

知识进阶

一、信息系统

信息系统，是指由计算机硬件、网络和通信设备、计算机软件、信息资源、信息用户和规章制度组成的以处理信息流为目的的人机一体化系统。主要有信息的输入、存储、处理、输出和控制五个基本功能。

从信息系统的发展和特点来看，可分为数据处理系统（DPS）、管理信息系统（MIS）、决策支持系统（DSS）、专家系统（人工智能的子系统）和网络办公系统（OA）五种类型。

二、加密数据

数据加密仍是计算机系统对信息进行保护的一种最可靠的办法。主要有数据传输加密技术和数据存储加密技术两种。

（1）数据传输加密技术。数据传输加密技术指发送方将一个信息经过特殊加密手段将数据变成无意义的密文，经网络链路传递到接收方，接收方再将此密文经过解密还原成明文的一项加密技术。

（2）数据存储加密技术。数据存储加密技术又称文档加密技术，主要是对数据自身加密，不管是脱离操作系统，还是非法脱离安全环境，数据本身都是安全的。常见的文档加密主要有磁盘加密、应用层加密、驱动级加密。

在日常工作中，对于个人计算机数据安全又以应用层加密为主，一般采用软件自带的加密功能加密、第三方软件加密等几种形式。

1. 利用软件自带的加密功能

大多数软件都可以对支持的文档进行加密，如 Office 系列、WPS Office 系列。这里以 Microsoft Office 2019 为例。

【步骤 1】打开需要加密的文件，依次执行“文件”→“信息”→“保护文档”→“用密码进行加密”命令，如图 7-1 所示。

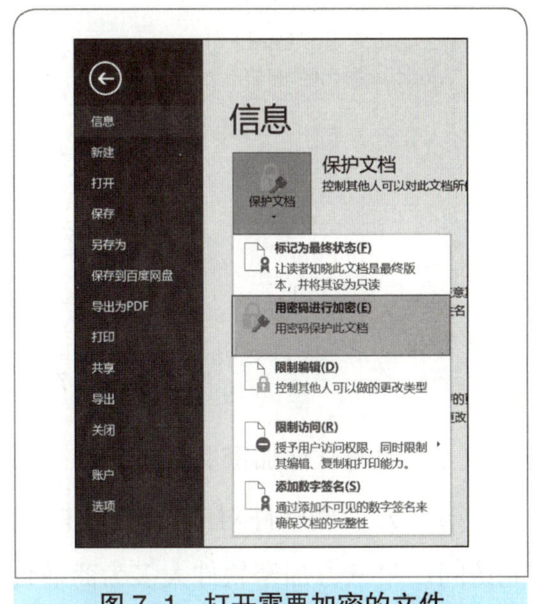

图 7-1 打开需要加密的文件

【步骤 2】弹出“加密文档”对话框，输入密码后单击“确定”按钮，保存文档即可，如图 7–2 所示。

【步骤 3】重新打开文档，输入正确密码后单击“确定”按钮即可，如图 7–3 所示。

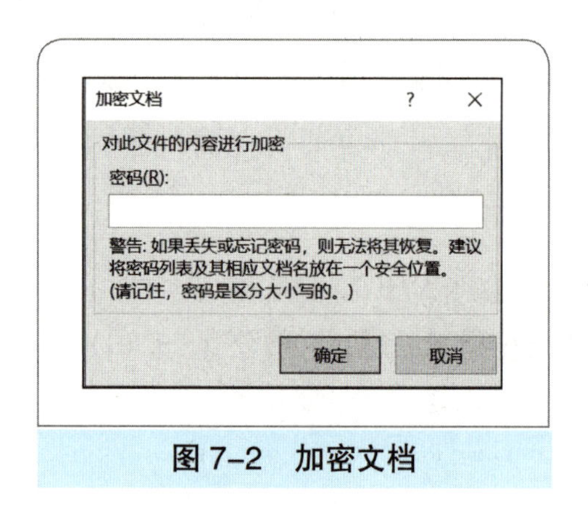

图 7–2　加密文档

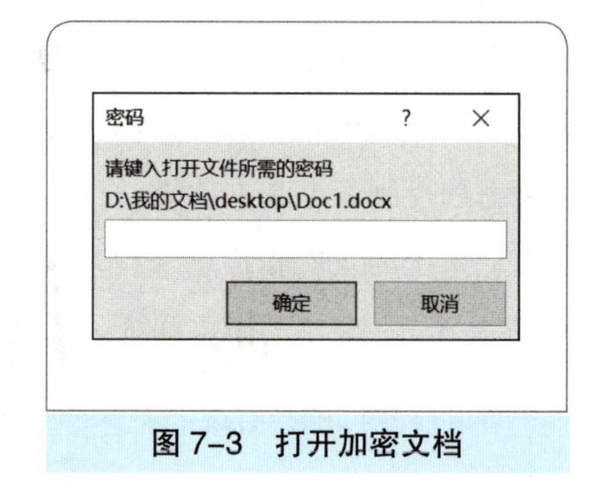

图 7–3　打开加密文档

2. 第三方软件加密

采用专业加密软件对文档加密，可以确保文档被指定的人查看。

（1）压缩软件加密文件夹。

找到需要压缩加密的文件或文件夹，右键该文件夹，选择“添加到压缩文件”选项，然后单击“设置密码”按钮，输入解压密码，确认密码后，再单击“确定”按钮，直至压缩文件的加密完成，如图 7–4 所示。

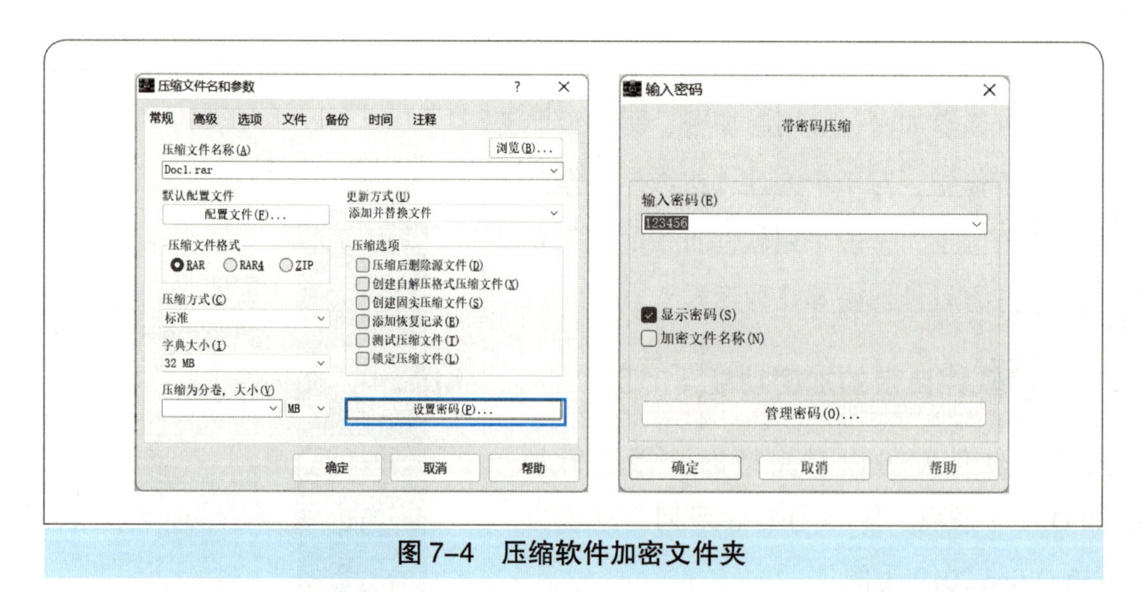

图 7–4　压缩软件加密文件夹

（2）加密软件加密文件夹。

第三方加密软件对文件或文件夹加密后，当再次访问时需要输入正确的访问密码才能访问。第三方加密软件大多为商业性软件，用户可以根据实际情况自行选择。

三、使用数据恢复软件恢复数据

所谓数据恢复技术，是指当计算机存储介质损坏、文件被删除、磁盘被格式化等情况，导致数据不能访问读出或丢失时，通过一定的方法和手段将数据重新找回，使信息得以再利用的技术。下面介绍数据恢复工具软件 DiskGenius 恢复数据的操作过程。

【步骤 1】启动软件，如图 7–5 所示。

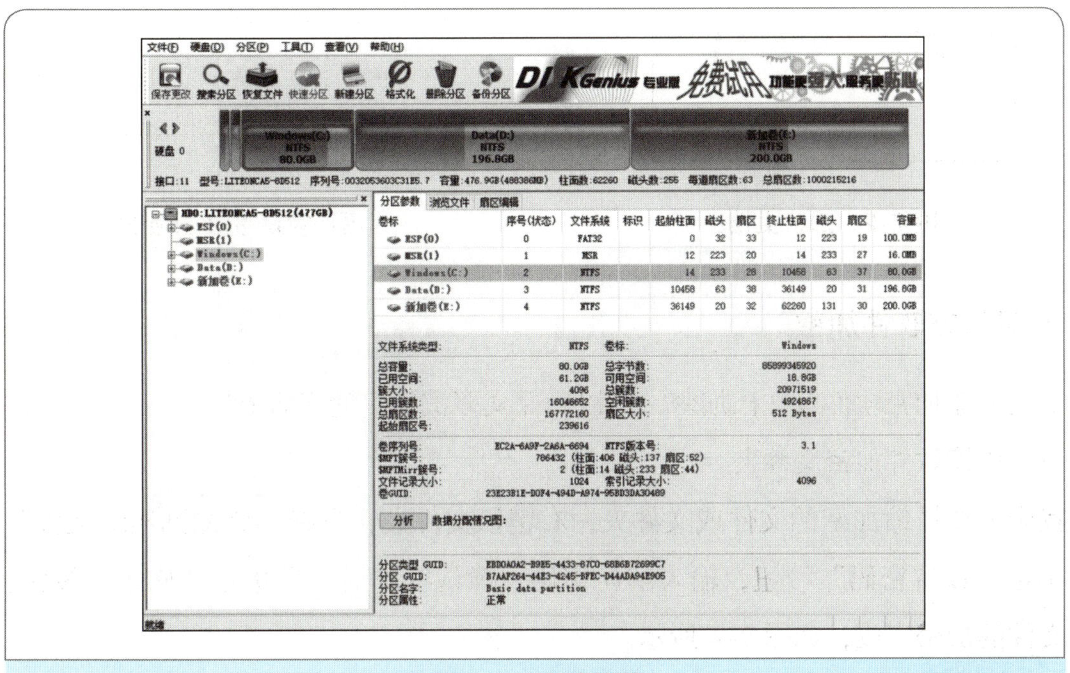

图 7–5　启动软件

【步骤 2】单击“恢复文件”功能图标，如图 7–6 所示。

【步骤 3】选择待恢复文件所在的磁盘或文件夹，并根据实际情况选择恢复方式，然后单击“开始”按钮进行文件扫描，如图 7–7 所示。

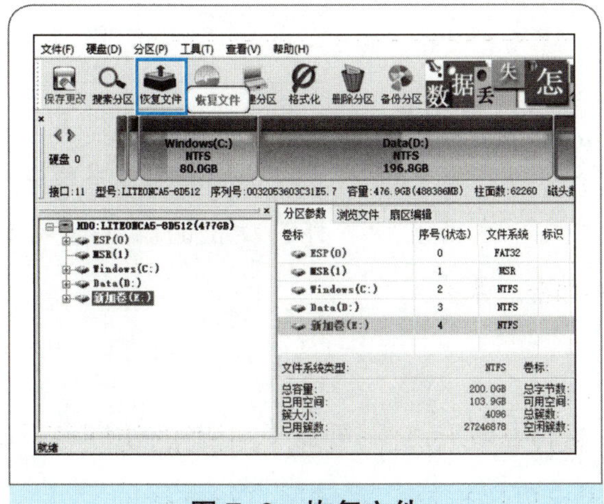

图 7–6　恢复文件

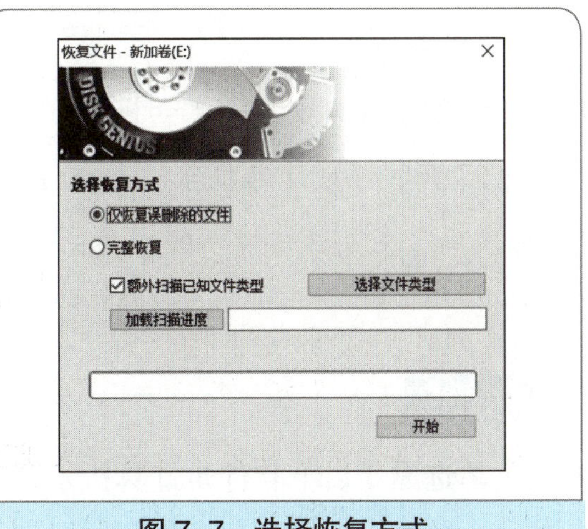

图 7–7　选择恢复方式

【步骤 4】选中需要恢复的文件，单击鼠标右键，在快捷菜单中选择“复制到指定文件夹”菜单项，根据向导恢复文件，如图 7–8 所示。

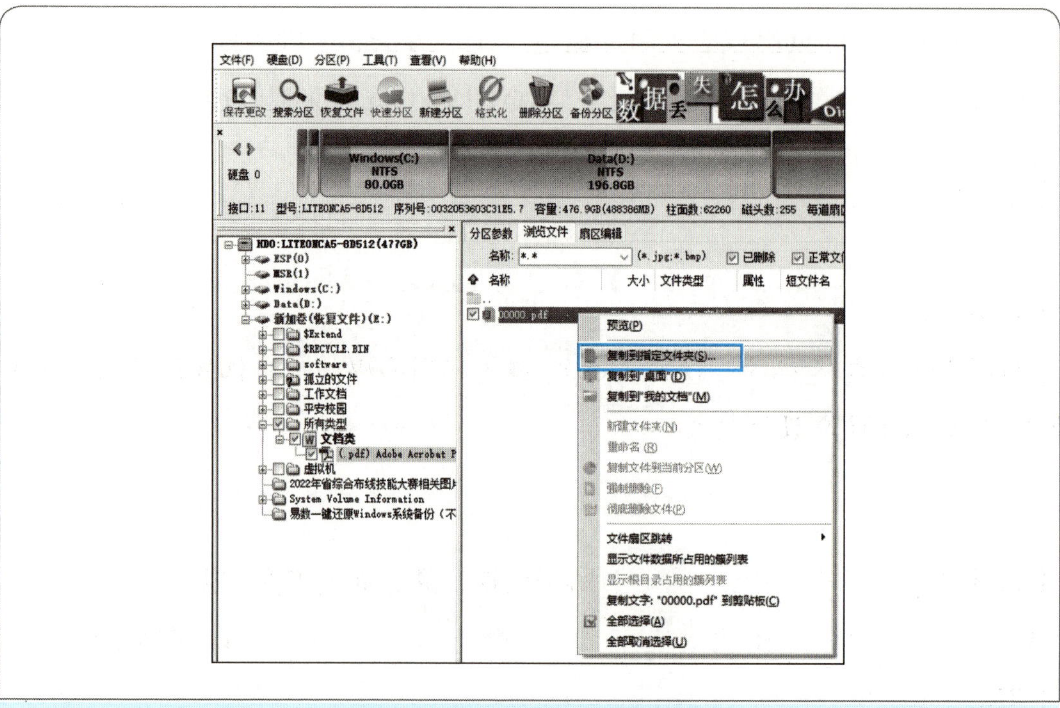

图 7–8 选择需要恢复的文件

例题分析

例题 1

【填空题】针对计算机系统的攻击方式有很多，如利用__________、网络蠕虫攻击、__________、__________、__________等，攻击方式、途径多种多样，攻击的程序代码千变万化。

【答案】漏洞攻击　恶意代码　浏览器劫持　网络钓鱼

【解析】针对计算机系统的攻击方式有很多，如利用漏洞攻击、网络蠕虫攻击、恶意代码、浏览器劫持、网络钓鱼等，攻击方式、途径多种多样，攻击的程序代码千变万化。

例题 2

【单选题】以下软件是计算机杀毒软件的是（　　）。

A. Windows　　B. 字处理软件　　C. 防火墙　　D. 火绒安全

【答案】D

【解析】常见的杀毒软件有火绒安全、金山毒霸、360杀毒、瑞星杀毒、百度杀毒等。

例题3

【单选题】以下选项中，(　　)是台式计算机进入BIOS设置的常用按键。

A. F1　　B. Enter　　C. Del　　D. F10

【答案】C

【解析】计算机开机的时候按Delete键（不同品牌的计算机按键不同，请参看说明书），可进入BIOS设置模式。

例题4

【多选题】以下选项中，(　　)属于数据存储方面的潜在数据安全因素。

A. 遗失　　B. 失效　　C. 损害　　D. 黑客窃取

【答案】ABC

【解析】影响数据安全的因素有数据存储的损害、遗失、失效、失用等。

例题5

【判断题】为了防止数据丢失，应该养成数据备份的好习惯。　　(　　)

【答案】√

【解析】要确保数据安全，一是要掌握基本的信息安全知识；二是要养成良好的信息安全习惯；三是从技术角度做好防范，而最常见的技术防范措施包括数据备份和数据加密。

练习巩固

一、填空题

1. 360安全卫士是集恶意程序防护、__________、__________，__________、系统优化清理，网络安全防护等功能于一体的计算机安全防护软件。

2. BIOS，翻译成中文为__________，它是一组固化到计算机主板上一块ROM芯片中的程序。

3. 设置防火墙的步骤是，第一步打开控制面板，第二步选择__________，第三步设置Windows 防火墙。

4. 计算机病毒通过__________、__________、__________、网页等途径传播。

5. 杀毒软件依据__________、__________、__________等对潜在的病毒、恶意软件、恶意广告、间谍软件、钓鱼网站、勒索软件等进行判断，并采取相应的保护措施，从而保障计算机系统的安全。

二、单项选择题

1. 以下操作中，会影响数据安全的是（　　）。

A. 备份数据　　B. 计算机病毒查杀

C. 任意删除文件　　D. 复制文件

2. 以下存储设备不能用作数据备份的是（　　）。

A. 内存　　B. 光盘　　C.U 盘　　D. 硬盘

3. 以下不属于黑客攻击方法的是（　　）。

A. 获取口令　　B. 网络共享　　C. 放置木马　　D. 网络监听

4. 以下不影响计算机工作的环境因素是（　　）。

A. 温度　　B. 湿度　　C. 灰尘　　D. 噪声

5. 以下属于存储加密算法的是（　　）。

A. 节点加密　　B. 链路加密　　C.DES 算法　　D. 端到端加密

6. 计算机感染病毒的“症状”不包括（　　）。

A. 系统引导变慢　　B. 硬盘损坏

C. 死机现象多　　D. 磁盘卷标名发生变化

7. 小小的 Word 文档打不开了，但又要急着用，以下（　　）方法能最便捷地恢复文档。

A. 用 360 进行文档修复　　B. 重装系统

C. 重装 Office 软件　　D. 换台电脑

8. 以下不能有效防范木马入侵的是（　　）。

A. 安装 360 杀毒软件　　B. 开启防火墙

C. 不访问非法网站　　D. 随意点击链接

9. 以下软件是木马软件的是（　　）。

A. 瑞星杀毒　　B. Office　　C. “灰鸽子”　　D. 金山毒霸

10. 系统漏洞会带来安全隐患，以下操作不能预防系统漏洞的是（　　）。

A. 安装杀毒软件　　B. 设置防火墙　　C. 安装 Office 软件　　D. 更新系统补丁

三、多项选择题

1. 数据备份是保护数据最常见的方式，备份就是将重要数据复制一份或若干份进行保存，数据备份方式有（　　）。

A. 通过计算机外存储备份　　B. 云存储备份

C. 内存备份　　D. 专用服务器备份

2. 以下备份设备中，可以用作外部备份设备的有（　　）。

A. 光盘　　B. U 盘　　C. 硬盘　　D. 移动硬盘

3. 常见的存储加密算法有（　　）。

A. 节点加密　　B. 端到端加密　　C. DES 算法　　D. RSA 算法

4. 常见的传输过程加密技术有（　　）。

A. 节点加密　　B. 端到端加密　　C. DES 算法　　D. RSA 算法

5. 360 安全卫士提供电脑操作系统哪些服务？（　　）

A. 电脑体检　　B. 木马查杀　　C. 系统修复　　D. 主动防御

四、判断题

1. 灾备系统也是数据备份的一种形式。（　　）

2. 开机可以按 F5 键进入 BIOS 进行“开机启动项”设置。（　　）

3. 电磁干扰不会对数据有影响。（　　）

4. 计算机工作环境的最佳温度是 10~35 ℃。（　　）

5. 防火墙只有计算机里的软件才能设置。（　　）

任务3 防护移动终端系统安全

任务目标

◎了解移动终端安全隐患；

◎了解保障手机系统安全的措施和方法；

◎能为手机安装防护软件；

◎能对手机数据进行备份。

任务梳理

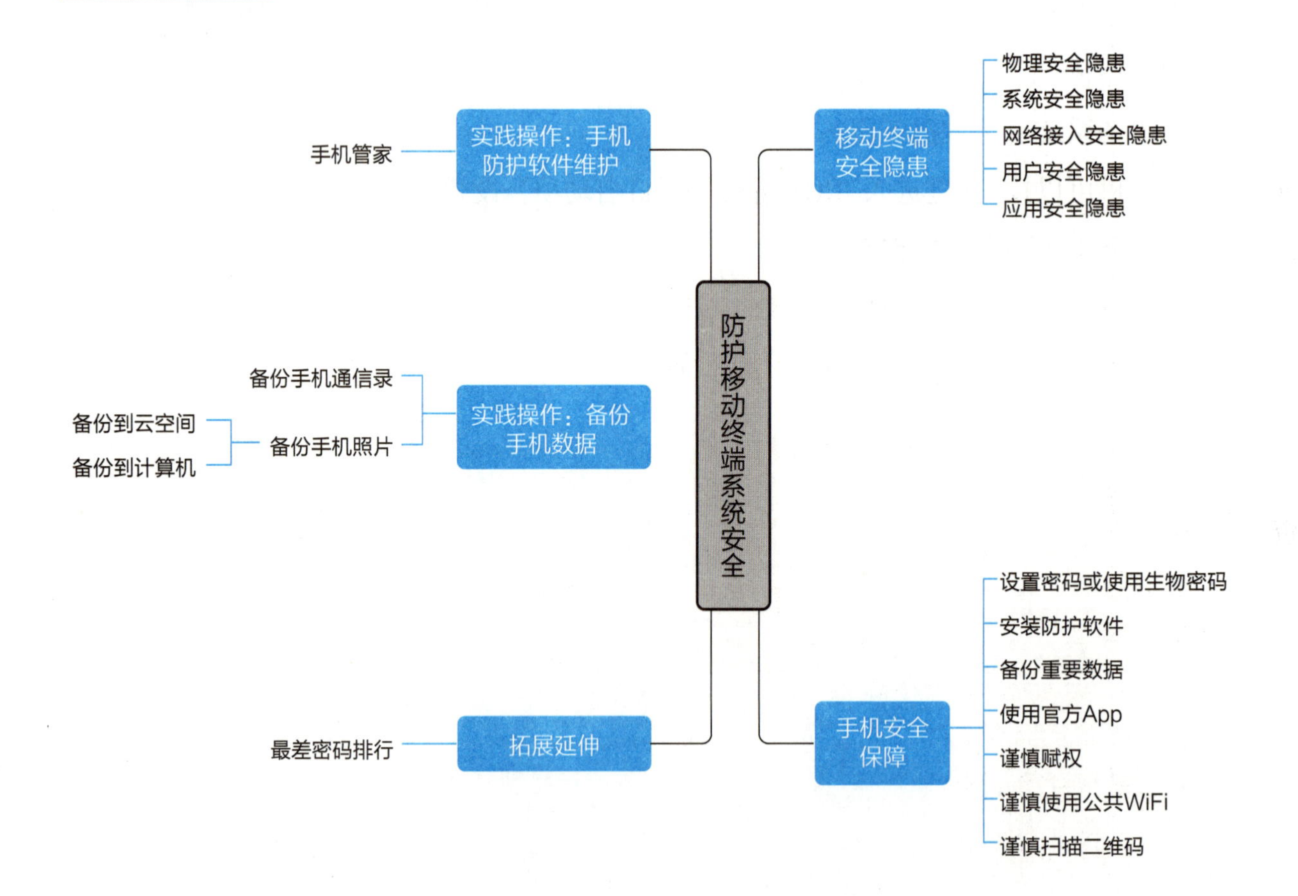

■ 知识进阶

一、移动终端维护措施

1. 总是使用可信的网络

对于移动终端来说，可信的网络包括网络接入提供商的数据网络，以及公司、家庭的 WiFi 连接。使用这些网络可以基本确保用于数据传输的网络没有安全威胁，也难以被攻击者获取所传输的敏感数据。从技术实现角度，搭建并管理一个假冒的 WiFi 连接点比假冒一个蜂窝数据连接要容易很多。因此，谨慎连接公共 WiFi 或不知来源的无线网络，更多使用由无线服务提供商（比如中国移动）提供的蜂窝数据连接，能够有效降低遭受攻击的风险。

2. 安装可靠的应用程序

一般情况下，移动终端的操作系统会预置应用市场，如华为鸿蒙操作系统平台配有 HMS Core，苹果系操作系统平台会带有 AppStore，安卓操作系统平台一般会配有 GooglePlay，其他一些设备厂商也会开发自己的应用商店。进驻这些应用商店的应用程序会受到厂商的严格审核，从这些应用市场下载的应用程序，一般不会出现安全性问题，而从网站、邮件附件、聊天工具共享目录获得的安装文件则具有较高安全风险。

3. 给应用程序设置最小的访问权限

移动终端应用程序运行时，会弹出访问权限申请窗口，只需设置运行所需的最少权限即可，特别是读取用户通信录、图片、存储器文件等权限应慎重赋予。

二、手机安全

手机是当今时代每个人必备工具之一，给我们的生活和工作带来了巨大便利，但因手机安全产生的问题层出不穷，学习了解手机安全知识十分必要。常见的手机安全有用户验证、应用市场安装 App、安装防病毒软件、数据备份、系统更新与遗失找回等。

1. 设置手机指纹密码

给手机设置密码可以增加手机数据的安全性，但是经常性地输入密码很容易被不法分子监控。另外，为了节约输入密码的时间，更快速地解锁，很多手机都配备有指纹解锁功能。设置指纹解锁操作因手机系统品牌与版本不同而略有不同，这里以华为手机 Mate 20 型号为例。

【步骤 1】在手机桌面找到并单击“设置”菜单，在弹出的“设置”菜单中单击“生物识别和密码”→“指纹”选项，如图 7–9 所示。

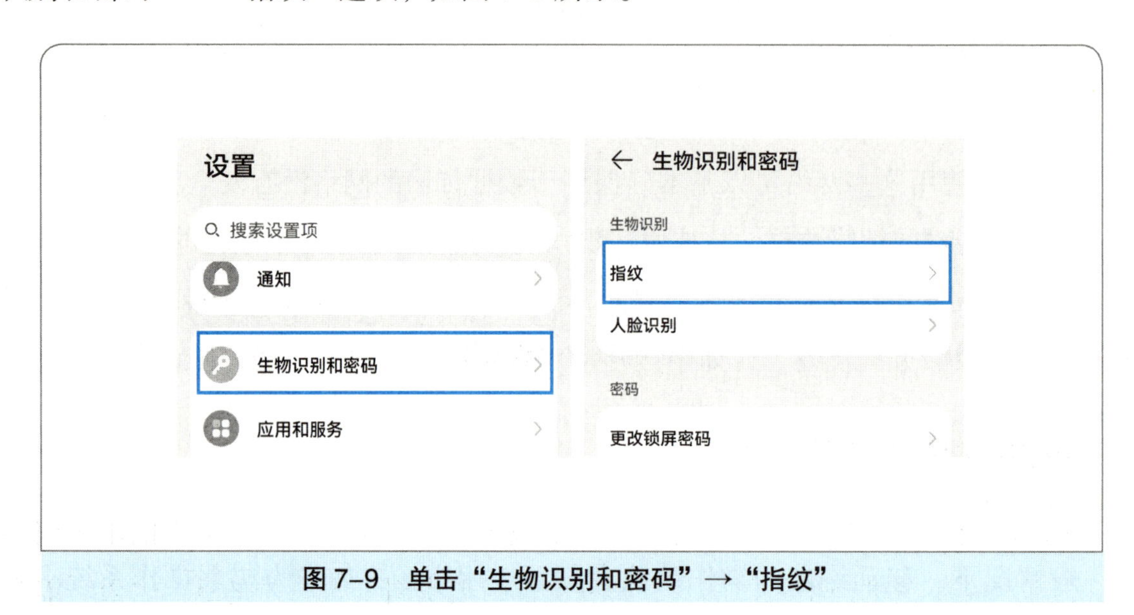

图 7–9　单击“生物识别和密码”→“指纹”

【步骤 2】单击“指纹管理”，并输入锁屏密码，选择“解锁设备”选项，单击“新建指纹”，如图 7–10 所示。

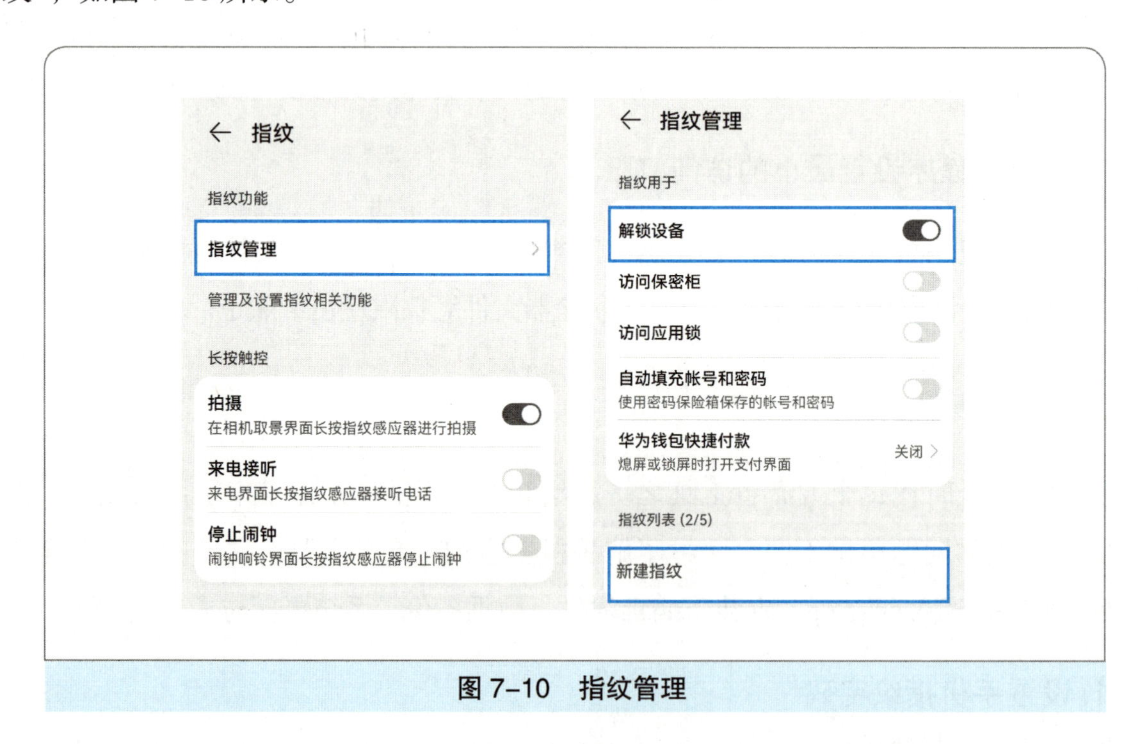

图 7–10　指纹管理

【步骤 3】将手指放在手机指纹感应区，多次录入手指不同部分的指纹信息，全程成功后单击“确定”按钮即可，如图 7–11 所示。

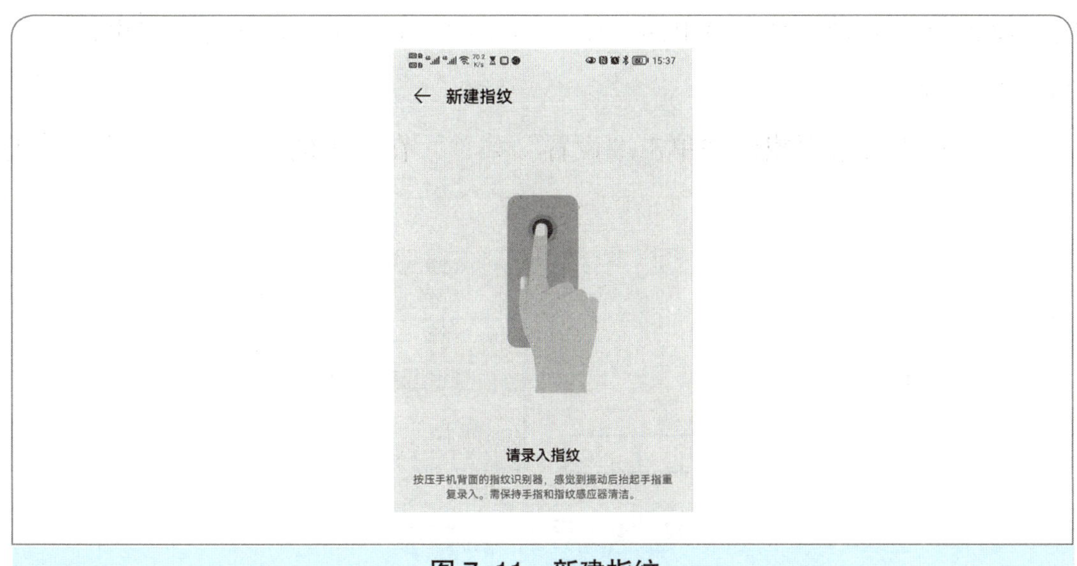

图 7-11 新建指纹

2. 设置手机丢失找回功能

手机已经成为人们日常生活中必不可少的设备，一旦手机丢失，失去的不仅仅是一台手机，保存在手机的通信录、图片、音视频、重要资料等数据才是重中之重，能在第一时间找回手机便是最重要的一件事宜。找回手机的方法有很多，这里以华为 Mate 20 为例介绍一种借助手机 GPS 定位功能找回手机的办法。

【步骤 1】在手机桌面找到并单击“设置”菜单，在弹出的“设置”菜单中单击“登录华为账号”，如图 7-12 所示。

图 7-12 登录账号

【步骤 2】输入账号和密码并登录，如果没有账号，可以立即注册一个账号。登录后，单击“查找设备”选项，如图 7-13 所示。

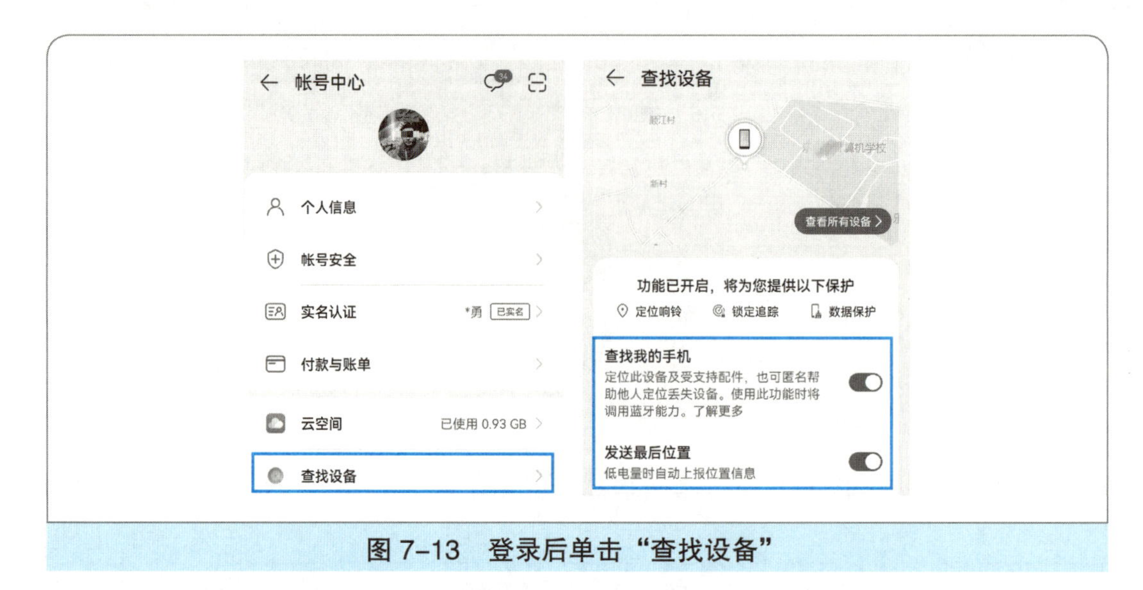

图 7-13　登录后单击“查找设备”

【步骤 3】单击“查找我的手机”和“发送最后位置”选项。通过以上设置，手机一旦丢失，即可使用以上查找功能找到手机遗失地点。

3. 手机 PIN 码

PIN 码就是手机 SIM 卡（电话卡）的个人识别密码，是 SIM 卡内部的一个存储单元，是保护 SIM 卡的一种安全措施，可以防止别人盗用 SIM 卡。如果启用了开机 PIN 码，那么手机每次开机后就要输入 4 到 8 位数的 PIN 码。以华为 Mate 20 为例设置 PIN 码，其他手机参照执行。

【步骤 1】打开“设置”菜单，单击“安全”选项，再单击“更多安全设置”选项，如图 7-14 所示。

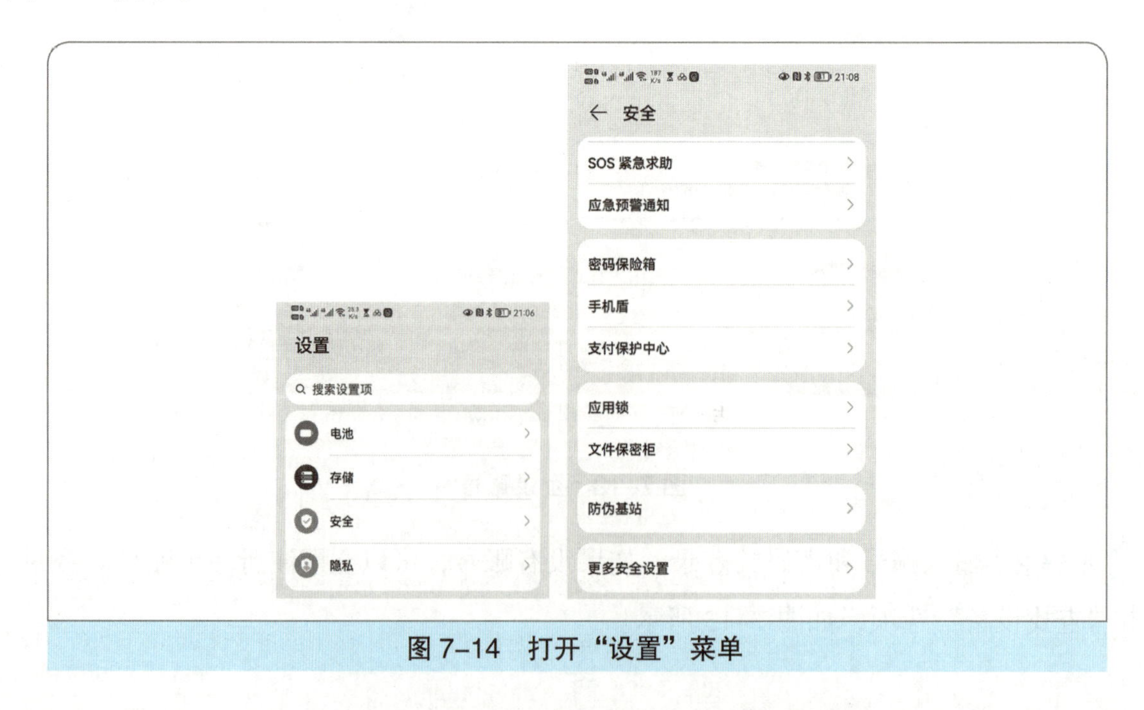

图 7-14　打开“设置”菜单

【步骤 2】单击“设置 SIM 卡锁”选项，再单击“锁定 SIM 卡”选项，开启 PIN 码或者修改 PIN 码，如图 7-15 所示。PIN 码原始密码一般为“1234”或“0000”，可以自行重置密码，但如果修改了 PIN 码，一定要牢记。

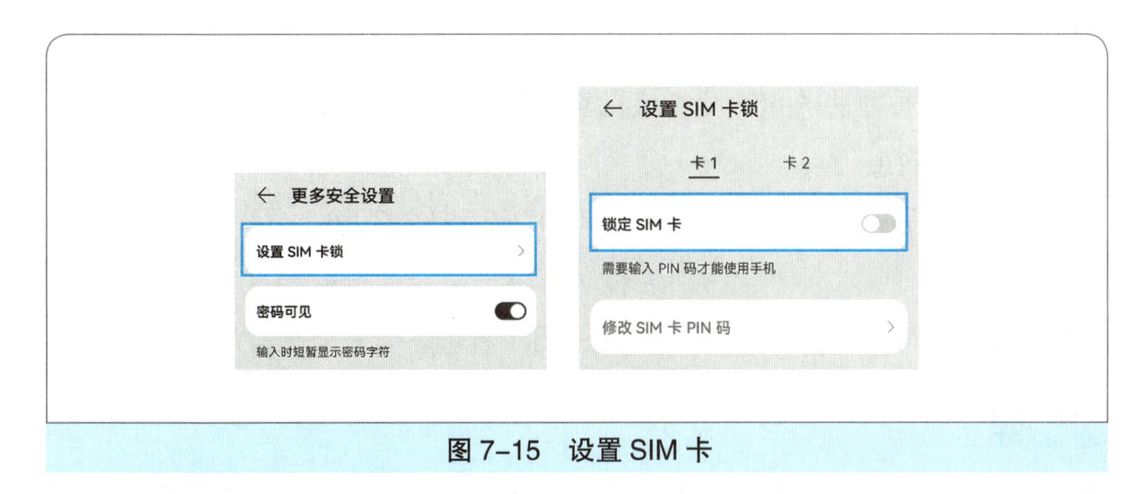

图 7-15 设置 SIM 卡

4. 防止信息泄漏

防止信息泄露方法有很多，常见的有定时备份重要数据、不安装来历不明的 App、不随意点击广告链接等。特别是一旦安装来历不明的 App，如各种赌博 App、小游戏 App，这些程序会在后台窃取用户的通信录、图片等个人隐私，一旦信息泄露，不法分子就有机会发送大量的广告短信，诱导参与赌博，实施网络诈骗等。

■ 例题分析

例题 1

【填空题】移动终端面临的安全隐患有物理安全隐患、__________、__________、用户安全隐患、__________。

【答案】系统安全隐患　网络接入安全隐患　应用安全隐患

【解析】移动终端面临的安全隐患有物理安全隐患、系统安全隐患、网络接入安全隐患、用户安全隐患、应用安全隐患。

例题 2

【单选题】如手机被非法用户使用，则属于移动终端安全隐患的（　　）。

A. 物理安全隐患　B. 系统安全隐患　C. 网络接入安全隐患　D. 应用安全隐患

【答案】B

【解析】系统安全隐患，如被恶意程序侵入、被非法用户使用等。

例题 3

【单选题】如被非法 App 收集个人信息，属于移动终端安全隐患的（　　）。

A. 物理安全隐患　　B. 系统安全隐患

C. 网络接入安全隐患　　D. 应用安全隐患

【答案】D

【解析】如被非法 App 收集个人信息，属于移动终端安全隐患的应用安全隐患。

例题 4

【多选题】手机已成为现代生活不可或缺的一部分，正确的手机使用习惯有（　　）。

A. 不使用“山寨”App　　B. 来路不明链接不点击

C. 不用蓝牙即关闭　　D. 发朋友圈“三不晒一注意”

【答案】ABCD

【解析】正确的手机使用习惯包括密码设置符合要求、来路不明链接不点击、来路不明好友不添加、不使用“山寨”App、切勿见二维码就扫、连接 WiFi 需要谨慎、不用蓝牙即关闭、发朋友圈“三不晒一注意”、彻底删除旧手机信息等。

例题 5

【判断题】小小看到手机发来一条点击即可领红包的链接，小小随即点开，请问小小的做法对吗？（　　）

【答案】×

【解析】在使用手机过程中，如发现不明来历的链接不要点击，因为很容易造成安全隐患。

练习巩固

一、填空题

1. 为确保手机系统安全，很多手机出厂就安装好了安全软件，华为手机安装的是“手机管家”，它能对手机系统进行________、________、手机清理等最基本的维护和安全防护。

2. 一般情况下，用户在购买手机后，为保证手机使用安全，会给手机设置________。

3. 移动终端系统较多，但目前根据用户使用量来看，主要使用的是________系统和________系统，以及我国自主研发的最具代表性的华为________系统。

4. 复杂的账户密码一般包括________、________、________、________字符。

5. 移动终端除采用密码技术作为安全保障外，还可以采用生物特征识别技术，移动终端上常见的生物特征识别技术有________、________等技术。

二、单项选择题

1. 以下不属于信息安全认证使用的技术是（　　）。

A. 身份认证　　B. 消息认证　　C. 数字签名　　D. 水印技术

2. 下面不属于计算机信息安全的是（　　）。

A. 信息载体的安全保护　　B. 安全法规

C. 安全技术　　D. 安全管理

3. 在电脑终端上，宏病毒可以感染（　　）。

A. 引寻扇区 / 分区表　　B. 数据库文件

C. .EXE 文件　　D. Word 文档

4. WEP 认证机制对客户硬件进行单向认证，链路层采用（　　）对称加密技术，提供 40 位和 128 位长度的密钥机制。

A. DES　　B. RSA　　C. RC4　　D. AES

5. 在为你的安全账户设置密码时，以下（　　）是最安全的。

A. 纯 8 位数字　　B. 小写字母和数字组合的 8 位

C. 字母、数字、字符组合的 8 位　　D. 大、小写字母组合的 8 位

6. 下面属于被动攻击手段的是（　　）。

A. 窃听　　B. 假冒　　C. 修改信息　　D. 拒绝服务

7. 信息安全需求不包括（　　）。

A. 不可否认性　　B. 语义正确性　　C. 保密性、完整性　　D. 可用性

8. 下面关于系统更新说法正确的是（　　）。

A. 系统更新只能从网上下载补丁包

B. 所有的更新应及时安装，否则会造成电脑崩溃

C. 更新好的系统不再受病毒攻击

D. 因为系统有漏洞，所以要更新系统

9. 在防火墙双穴网关中，堡垒机充当网关，装有（　　）块网卡。

A. 4　　B. 3　　C. 2　　D. 1

10. 以下不属于防火墙作用的是（　　）。

A. 记录 Internet 活动　　B. 创建一个阻塞点

C. 实现一个公司的安全策略　　D. 预防病毒

三、多项选择题（5 个）

1. 移动终端常见的安全验证技术有（　　）。

A. 密码识别　　B. 人脸识别　　C. 指纹识别　　D. 语音识别

2. 应对移动终端安全威胁的措施有（　　）。

A. 总是使用可信的数据网络　　B. 使用可靠方式获取应用程序

C. 赋予应用程序最少的访问权限　　D. 随时用密封口袋将手机保护起来

3. 手机丢失后容易导致的风险有（　　）。

A. 冒充亲人，实施网络诈骗　　B. 手机通信录信息泄露

C. 个人隐私泄露　　D. 重要业务信息泄露

4. 关于移动终端在公共场合连接网络，以下说法错误的有（　　）。

A. 尽量连接无密码验证的 WiFi，能省则省

B. 通过输入电话号码获取短信验证上网的方式最安全，因为有了验证机制

C. 在确保安全的情况下，可以使用朋友热点连接上网

D. 乘坐飞机时，飞机上提供的 WiFi 相对是安全可靠的

5. 为确保移动终端数据安全，应采取以下哪些措施？（　　）

A. 经常备份重要数据　　B. 安装防病毒软件

C. 升级系统至最新版本　　D. 不随意使用来历不明的网络

四、判断题

1. 手机下载软件，直接通过百度下载就可以了。（　　）

2. 用过的旧手机不需要特殊处理，直接可以报废。（　　）

3. 小小在路边看到一招工二维码，直接扫码看信息，他做对了吗？（　　）

4. 我们的手机要经常进行数据备份，以防数据丢失。（　　）

5. 小小在公共场所需要网络，发现一个没有密码的无线连接，直接就连上去了，他的做法对吗？（　　）

专题8 人工智能初步

专题目标

（1）了解人工智能的发展及基本原理，认识人工智能对人类社会发展的影响。

（2）体验人工智能的应用，会初步运用人工智能技术工具辅助工作和学习。

（3）了解机器人技术的发展和应用，会进行不同专业领域机器人的简单实践操作，或者会利用相应的机器人模拟软件进行操作体验。

任务1 初识人工智能

任务目标

◎能够说清楚人工智能的概念，并简要叙述人工智能的发展历程；

◎能简要列举人工智能的应用领域；

◎能正确举例简要说明人工智能的基本原理；

◎能与他人分享人工智能对人类社会发展的影响及其发展前景。

任务梳理

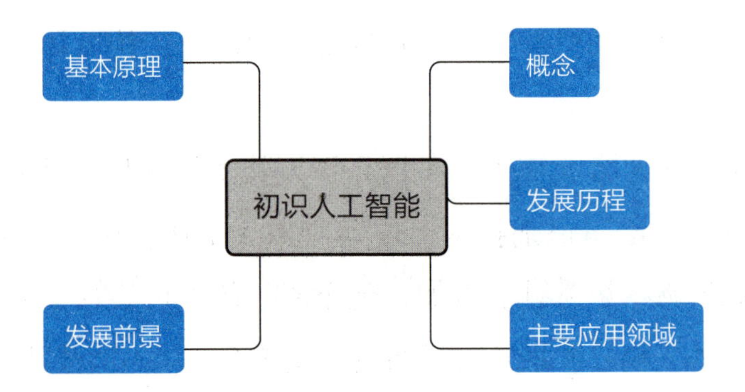

知识进阶

一、人工智能的基本概念

人工智能（Artificial Intelligence），英文缩写为AI。它是研究、开发用于模拟、延伸和扩展人类智能的理论、方法、技术及应用系统的一门新兴技术学科。人工智能是计算机学科的一个分支，它企图了解智能的实质，并生产出一种能以人类智能相似的方式做出反应的智能机器，该领域的研究包括机器人、语言识别、图像识别、自然语言处理和专家系统等。

人工智能的研究方向主要包括计算机视觉、语音识别和自然语言处理几个方面。

1. 计算机视觉

计算机视觉，顾名思义，是分析、研究让计算机智能化地“看”的一门研究科学。计算机视觉技术利用摄像机以及电脑替代人眼，使得计算机拥有人类双眼所具有的分割、分类、识别、跟踪、判别、决策等功能，进而识别或理解客观存在的三维世界。近年来，巨量数据不断涌现，计算机运算能力快速提升，给以非结构化视觉数据为研究对象的计算机视觉带来了巨大的发展机遇与挑战性难题，计算机视觉也因此成为学术界和工业界公认的前瞻性研究领域，部分研究成果已实际应用，催生出人脸识别、智能视频监控等商业化应用。

2. 语音识别

语音识别是让机器识别和理解说话人语音信号内容的新兴学科，是将语音信号转变为文本字符或者命令的智能技术。它能让计算机理解讲话人的语义内容，使计算机听懂人类的语音，判断说话人的意图，是一种非常自然和有效的人机交流方式。

语音识别的研究工作可以追溯到20世纪50年代。在1952年，AT&T贝尔研究所研究成功了世界上第一个语音识别系统——Audry系统，可以识别10个英文数字发音。这个系统识别的是一个人说出的孤立数字，并且很大程度上依赖于每个数字中元音共振峰的测量。

21世纪，深度学习技术极大地促进了语音识别技术的进步，识别精度大大提高，应用得到广泛发展。目前，语音识别技术已逐渐应用于工业、通信、商务、家电、医疗、汽车电子以及家庭服务等各个领域。例如，现今流行的手机语音助手，就是将语音识别技术应用到智能手机中，能够实现人与手机的智能对话，其中包括华为语音助手、小米语音助手、智能360语音助手、百度语音助手等。

3. 自然语言处理

自然语言处理是指研究人与计算机用自然语言进行有效通信的各种理论和方法。处理自然语言的关键是要让计算机“理解”自然语言，所以自然语言处理又叫作自然语言理解，它是人工智能研究的重要领域之一。自然语言处理涉及许多领域，包括词汇、句法、语义和语用分析，文本分类、情感分析、自动摘要、机器翻译和社会计算等。

自然语言处理是一门包含计算机科学、人工智能以及语言学的交叉学科，这些学科既有区别又相互交叉。其发展历程可分为四个阶段：1956年以前的萌芽期，1957—1970年的快速发展期，1971—1993年的低谷发展期，1994年到如今的复苏融合期。

从长远来看，自然语言处理具有广阔的应用领域和前景，作为一门由计算机科学、人工智能和语言学三科融合的新兴领域，它的长远发展对每个学科都具有重大意义和影响力。

二、人工智能的发展历程与前景展望

1. 20 世纪 50—80 年代

1950 年，著名的图灵测试诞生，按照“人工智能之父”艾伦·图灵的定义：如果一台机器能够与人类展开对话（通过电传设备）而不能被辨别出其机器身份，那么称这台机器具有智能。同一年，图灵还预言创造出具有真正智能的机器的可能性。

1954 年，美国人乔治·戴沃尔设计了世界上第一台可编程机器人，标志着可编程机器人诞生。

1956 年夏天，美国达特茅斯学院举行了历史上第一次人工智能研讨会，被认为是人工智能诞生的标志。会上，麦卡锡首次提出“人工智能”概念，纽厄尔和西蒙则展示了编写的逻辑理论机器。

1966—1972 年期间，美国斯坦福国际研究所研制出机器人 Shakey，这是首台采用人工智能的移动机器人。

1966 年，美国麻省理工学院发布了世界上第一个聊天机器人 ELIZA。ELIZA 的智能之处在于它能通过脚本理解简单的自然语言，并能产生类似人类的互动。

20 世纪 70 年代初，人工智能遭遇瓶颈。当时的计算机有限的内存和处理速度不足以解决任何实际的人工智能问题。

2. 20 世纪 80—90 年代

1981 年，日本经济产业省拨款 8.5 亿美元，用以研发被叫作人工智能计算机的第五代计算机。随后，英国、美国纷纷响应，开始向信息技术领域的研究提供大量资金。

1984 年，在美国人道格拉斯·莱纳特的带领下，启动了 Cyc（大百科全书）项目，其目标是使人工智能应用能够以类似人类推理的方式工作。

1986 年，3D 打印机问世。美国发明家查尔斯·赫尔制造出人类历史上首个 3D 打印机。

1987—1993 年，是人工智能发展的冬天。“AI（人工智能）之冬”一词由经历过 1974 年经费削减的研究者们创造出来。他们注意到了对专家系统的狂热追捧，预计不久后人们将转向失望。事实被他们不幸言中，专家系统的实用性仅仅局限于某些特定情景。到了 20 世纪 80 年代晚期，美国国防部高级研究计划局（DARPA）的新任领导认为人工智能并非“下一个浪潮”，拨款将倾向于那些看起来更容易出成果的项目。

3. 20 世纪 90 年代至今

1997 年 5 月 11 日，IBM 公司的电脑“深蓝”战胜国际象棋世界冠军卡斯帕罗夫，成为首个在标准比赛时限内击败国际象棋世界冠军的电脑系统。

2011 年，Watson（沃森）作为 IBM 公司开发的使用自然语言回答问题的人工智能程序参加美国智力问答节目，打败两位人类冠军，赢得了 100 万美元的奖金。

2012 年，加拿大神经学家团队创造了一个具备简单认知能力、有 250 万个模拟“神经元”的虚拟大脑，命名为“Spaun”，并通过了最基本的智商测试。

2013 年，Facebook 人工智能实验室成立，探索深度学习领域，借此为 Facebook 用户提供更智能化的产品体验；Google 收购了语音和图像识别公司 DNNResearch，推广深度学习平台；百度创立了深度学习研究院等。

2015 年，Google 开源了能直接利用大量数据训练计算机来完成任务的第二代机器学习平台 Tensor Flow；剑桥大学建立人工智能研究所等。

2016 年 3 月 15 日，Google 人工智能 AlphaGo 与围棋世界冠军李世石的人机大战最后一场落下了帷幕。人机大战第五场经过长达 5 个小时的搏杀，最终李世石与 AlphaGo 总比分定格在 1 ∶ 4，以李世石认输结束。这次人机对弈让人工智能正式被世人所熟知，整个人工智能市场也像是被引燃了导火线，开始了新一轮爆发。

2016 年 10 月，美国国家科学技术委员会发布《国家人工智能研究与发展战略计划》，提出美国人工智能长期发展策略中要着重研究通用人工智能。AlphaGo 系统开发团队创始人戴密斯·哈萨比斯提出朝着“创造解决世界上一切问题的通用人工智能”这一目标前进。

2017 年，国际数据公司 IDC 在《信息流引领人工智能新时代》白皮书中指出，未来 5 年人工智能将提升各行业运转效率。2017 年，微软成立了通用人工智能实验室，众多感知、学习、推理、自然语言理解等方面的科学家参与其中。

2017 年 7 月，国务院发布《新一代人工智能发展规划》，将新一代人工智能放在国家战略层面进行部署，描绘面向 2030 年的我国人工智能发展路线图，旨在构筑人工智能先发优势，把握新一轮科技革命战略主动。

2017 年 9 月，联合国犯罪和司法研究所（UNICRI）决定在海牙成立第一个联合国人工智能和机器人中心，规范人工智能的发展。

2018 年 4 月，欧盟委员会计划于 2018—2020 年在人工智能领域投资 240 亿美元。

2018 年 5 月 3 日，中国科学院发布国内首款云端人工智能芯片，理论峰值速度达每秒 128 万亿次定点运算，达到世界先进水平。

2018 年 7 月，据清华大学发布的《中国人工智能发展报告 2018》统计，我国已成为全球人工智能投融资规模最大的国家，我国人工智能企业在人脸识别、语音识别、安防监控、智能音箱、智能家居等人工智能应用领域处于国际前列。

2018 年 11 月 22 日，在“伟大的变革——庆祝改革开放 40 周年大型展览”上，第三代国产骨科手术机器人“天玑”进行了模拟手术展示，它是国际上首个适应征覆盖脊柱全节段和骨盆髋臼手术的骨科机器人，性能指标达到国际领先水平。

2020 年 10 月，《中国新一代人工智能发展报告 2020》发布。报告显示，2019 年我国多地推动人工智能应用场景征集，北京冬奥、大兴机场、杭州大脑等代表性综合应用场景以及各领域丰富的行业场景，为人工智能技术创新与快速商业化创造了广阔土壤和良好环境。在 2020 年抗击新冠肺炎疫情过程中，人工智能技术加速与交通、医疗、教育、应急等领域深度融合，在科技战“疫”中大显身手，助力疫情防控取得显著成效。

2022 年 2 月 26 日，由世界人工智能大会组委会指导，上海市经济和信息化委员会、中国（上海）自由贸易试验区临港新片区管委会、上海临港经济发展有限公司共同主办的 WAIC2022 上海人工智能开发者大会在上海举行，并发布了《AI 框架发展白皮书（2022 年）》。白皮书致力于研究 AI 框架的概念内涵、演进历程、技术体系，通过梳理总结当前 AI 框架发展现状，研判 AI 框架技术发展趋势，并对 AI 框架发展提出展望与路径建议。

三、人工智能的相关技术

1. 机器学习

机器学习是一门多领域交叉学科，涉及概率论、统计学、逼近论、凸分析、算法复杂度理论等多门学科。它专门研究计算机模拟或实现人类学习行为的理论、方法和技术，期望计算机像人类一样能重新组织已有的知识结构，获取新的知识或技能，进而不断改善自身性能。它是人工智能的核心内容，也是人工智能的基本原理，是使计算机具有智能的根本途径。

机器学习被分为有监督学习、半监督学习和无监督学习三类。有监督学习需要人工定义出各种对象的特征或特性，用这些样本作为训练集，训练计算机建立一个数学模型，再用已建立的模型预测未知样本，完成具体任务。半监督学习则是提供少量带标签的数据样本供计算机学习后，再通过大量没有带标签的数据样本进行学习训练，进而建立起算法模型。无监督学习则是计算机自主定义对象的特征或特性，模拟人类大脑建立神经网络，自行完成数据规律的学习。

2. 深度学习

深度学习是机器学习领域中一个新的研究方向，它的目的是使机器学习更接近于最初的目标——人工智能，是一种基于人工神经网络（模拟人脑神经网络）的无监督学习。深度学习使用一系列复杂的机器学习算法，学习诸如文字、图像和声音等样本数据的内在规律和表征特性，获得足够经验后，即可用于特定任务，如自动驾驶、田间杂草识别、疾病诊断、机器故障检测等。

深度学习的最终目标是让机器能够像人一样具有分析学习能力，它在搜索技术、数据挖掘、机器学习、机器翻译、自然语言处理、多媒体学习、语音处理、个性化推荐，以及其他相关领域都取得了很多成果。深度学习使机器模仿视听和思考等人类活动，解决了很多复杂的模式识别难题，使得人工智能相关技术取得了很大进步。

3. 神经网络

人工神经网络也简称为神经网络或称作连接模型，它是一种模仿动物神经网络行为特征，进行分布式并行信息处理的算法数学模型，是深度学习的基础条件。这种网络由多层组成，信息从输入到输出，经过层层传递的方式处理，是最接近人脑的一种信息处理模型。

人工神经网络是生物神经网络在某种简化意义下的技术复现，它从信息处理角度对人脑神经元网络进行抽象，建立某种简单模型，按不同的连接方式组成不同的网络。作为一门学科，它的主要任务是根据生物神经网络的原理和实际应用的需要，建造实用的人工神经网络模型，在算法协作下，模拟人脑的某种智能活动，并用输出技术给出结果或实现自动控制，用以解决实际问题。

四、人工智能的应用场景

人工智能作为科技创新产物，在促进人类社会进步、经济建设和提升人们生活水平等方面起到越来越重要的作用。我国的人工智能技术经过多年的发展，已经在安防、金融、客服、零售、医疗健康、广告营销、教育、城市交通、制造、农业等领域实现商用及规模效应。

■ 例题分析

例题 1

【填空题】人工智能的正式提出是在__________年。

【答案】1956

【解析】1956 年，美国一批来自数学、心理学、神经生理学、信息论和计算机科学等方面的专家学者，在达特茅斯学院召开了一次研讨会，正式提出了“人工智能”这一术语。

例题 2

【单选题】人工智能研究方向主要体现在计算机视觉、语音识别和（　　）几个方面。

A. 数据存储　　B. 程序代码编写　　C. 自然语言处理　　D. 算法设计

【答案】C

【解析】当前人工智能研究方向主要体现在计算机视觉、语音识别和自然语言处理三个方面，使机器具备“看得懂”“听得懂”和“能交流”的能力。

例题 3

【单选题】人脸识别技术是人工智能在（　　）领域的应用。

A. 语音识别　　B. 自然语言处理　　C. 算法设计　　D. 计算机视觉

【答案】D

【解析】人脸识别技术将现场拍摄的人脸数据和计算机中存储的人脸数据进行分析比较，判断二者是否一致，包括人脸追踪侦测、自动调整影像放大、夜间红外侦测、自动调整曝光强度等辅助技术，是人工智能典型的计算机视觉研究领域。

例题 4

【多选题】下列选项属于人工智能应用场景的有（　　）。

A. 智慧交通　　B. 人脸识别　　C. 智慧安防　　D. 智能客服

【答案】ABCD

【解析】以上选项均属于典型的人工智能应用场景。

例题 5

【判断题】人脸识别技术已经得到广泛的应用，包括超市、机场、高铁车站、学校等。　(　　)

【答案】√

【解析】人脸识别技术的发展日趋成熟，其已经被广泛应用于银行、社会福利保障、电子商务、安全防务等领域。

练习巩固

一、填空题

1. 人类智能主要包括__________、感知能力和行为能力三个方面。

2. 人工智能是研究或开发用于__________、延伸和扩展人类智能的理论、方法、技术及应用的一门新的学科。

3. 人工智能的研究领域主要包括计算机视觉、__________和自然语言处理等。

4. __________通常是指运用智能图像识别技术，对相关场景的人员或生产设备进行智能监控和实时预警，帮助安防人员或生产管理人员进行智能化管理。

5. 人工智能在智能制造领域的典型应用是__________。

二、单项选择题

1. 人工智能的英文简称是(　　)。

A. RI　　B. AI　　C. CAI　　D. CAD

2. 网站上的智能客服主要应用了人工智能的(　　)技术。

A. 语音识别　　B. 自然语言处理　　C. 算法设计　　D. 计算机视觉

3. 语音输入法是人工智能在(　　)领域的应用。

A. 语音识别　　B. 自然语言处理　　C. 算法设计　　D. 计算机视觉

4. 通过监测车流量来自动控制红绿灯属于人工智能的(　　)应用场景。

A. 智慧农业　　B. 智能制造　　C. 智慧交通　　D. 智能物流

5. 以下应用场景不属于人工智能应用的是(　　)。

A. 通过车流量监测自动控制红绿灯

B. 通过监控图像实施自动预警

C. 通过语音控制家电设备工作

D. 通过计时器自动控制设备开关

6. 在人工智能的研究中，让计算机自动获取知识并自我完善，这个研究被称为（　　）。

A. 机器学习　　B. 计算机视觉　　C. 神经网络　　D. 语音识别

7. 某短视频平台自动为用户推荐了经常观看的同类短视频，体现了（　　）。

A. 该短视频平台侵犯了用户的隐私

B. 该短视频平台视频类别比较单一

C. 该短视频平台利用了大数据技术向用户推荐短视频

D. 该类技术的应用范围有限

8. 为了能够使计算机辨别足球和篮球，用户预先定义好足球和篮球的特征，并设计好一种学习和判断的算法模型，提供大量的相关图片供机器学习，最后完成足球和篮球的判断，这种学习方式是（　　）。

A. 有监督学习　　B. 无监督学习　　C. 半监督学习　　D. 其他学习

9. 百度提供了拍照识图的功能，这项技术的应用主要体现了（　　）方面的人工智能技术。

A. 语音识别　　B. 自然语言处理　　C. 算法设计　　D. 计算机视觉

10. 下列说法正确的是（　　）。

A. 目前的人工智能已经完全可以替代人类智能

B. 充足的存储空间是保障机器学习效率的关键

C. 人工智能发展潜力巨大，我们应该任由其发展

D. 全人类达成法律和伦理道德规范的共识，是推动人工智能技术应用的重要前提

三、多项选择题

1. 以下属于人工智能研究领域的是（　　）。

A. 计算机视觉　　B. 自然语言处理　　C. 语音识别　　D. 计算机程序设计

2. 以下选项属于机器学习类型的有（　　）。

A. 有监督学习　　B. 无监督学习　　C. 半监督学习　　D. 随机学习

3. 以下选项属于人工智能应用场景的有（　　）。

A. 智慧医疗　　B. 智慧交通　　C. 智慧农业　　D. 智能家居

4. 以下选项中，不属于人工智能应用的有（　　）。

A. 用户与智能音箱对话

B. 用户使用指纹验证进行付款

C. 车库出口闸机系统通过扫描车牌实现车辆识别

D. 超市收银机扫描商品二维码以后自动计算付款金额

5. 关于机器学习，以下说法正确的有（　　）。

A. 有监督学习必须要用户预先定义好对象的特征或特性

B. 半监督学习只需要少部分带标签的样本数据，根据这些样本数据建立模型后再对大量没有带标签的数据进行模型完善

C. 无监督学习是计算机自行找出对象的特征或特性并建立模型

D. 深度学习是基于人工神经网络的有监督学习

四、判断题

1. 一台设备，只要具备逻辑判断能力，就可以说其具备了人工智能。（　　）

2. 机器学习必须依赖大量的数据进行反复训练。（　　）

3. 深度学习是机器学习技术发展的产物。（　　）

4. 虽然人工智能的发展有着巨大的潜力，但也要关注其在法律和道德伦理方面的约束。（　　）

5. 人工智能的发展很大程度上依赖于大数据和云计算技术的发展。（　　）

五、实践操作题

1. 使用百度的拍照识图功能，拍摄并识别 10 种以上的植物。

2. 使用在线翻译软件，先将一段 200 字以上的中文翻译为英文，再将该段英文重新翻译为中文，比较两段文字的异同。

任务2 了解机器人

任务目标

◎能简要说出机器人的概念及分类；

◎能与其他人简要分享机器人的发展历程；

◎能列举出机器人的相关应用领域。

任务梳理

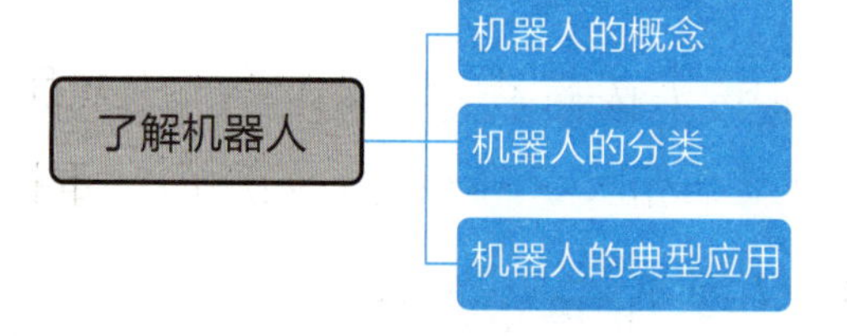

知识进阶

一、机器人的定义

对于机器人，很多国家和机构都有不同的定义。美国机器人工业协会将机器人定义为：“机器人是一种用于移动各种材料、零件、工具或专用装置，通过可编程动作执行各种任务，并具有编程能力的多功能操作机。”日本工业机器人协会将其定义为：“机器人是一种带有记忆装置和末端执行器的、能够通过自动化的动作而代替人类劳动的通用机器。”世界标准化组织将其定义为：“机器人是一种能够通过编程和自动控制来执行诸如作业或移动等任务的机器。”我国科学家将其定义为：“机器人是一种自动化的机器，所不同的是这种机器具备一些与人或生物相似的智能能力，如感知能力、规划能力、动作能力和协同能力，是一种具有高度灵活性的自动化机器。”国家标准《机器人与机器人装备词汇》（GB/T 12643—2013）把机器人定义为：“具有两个或两个以上可编程的轴，以及一定程度的自主能力，可在其环境内运动以执行预期任务的执行机构。”

常规的机器人一般由控制系统、传感装置、驱动装置和机械机构等组成。控制系统主要负责各类传感器信息的处理，并发出各类指令控制机器人完成各种任务。传感装置是机器人获取外界信息的媒介，如摄像头、红外传感器等。驱动装置是整个机器人的动力系统，为机器人提供各类运动动力。机械机构是用来帮助机器人完成各类动作的机械装置。

二、机器人的应用

按照机器人的应用领域、用途、结构形式和控制方式，可以将机器人分为工业机器人和服务机器人两种。

常见的工业机器人主要包括搬运机器人、码垛机器人、焊接机器人、装配机器人、喷涂机器人、切割机器人、真空机器人和洁净机器人等。

常见的服务机器人主要包括个人与家庭服务机器人、医疗机器人、在线服务机器人、军用机器人与特殊应用机器人等。

三、机器人带来的发展机遇和挑战

随着人工智能技术的发展，各类机器人已经拥有了不同程度的“智慧”，机器人的伦理问题也随之凸显。各个国家和相关机构都对该问题高度重视，在注重人工智能技术的发展造福人类的同时，加强了对未来人工智能发展的法律、道德和规范方面的约束，保证人类和智能机器和谐共处。

为了防止机器人技术的滥用，20 世纪的科幻小说作家在书中就曾这样描述机器人科学的三大定律：

第一定律：机器人不得伤害人类个体，或者目睹人类个体将遭受危险而袖手不管。

第二定律：机器人必须服从人给予它的命令，当该命令与第一定律冲突时例外。

第三定律：机器人在不违反第一、第二定律的情况下要尽可能保护自己的生存。

随着机器人技术的不断进步，机器人的用途日益广泛，“机器人三大定律”越来越显示出智者的光辉，以至于有人称之为“机器人学的金科玉律”。后来根据发展，又出现了补充的“机器人零定律”。

第零定律：机器人必须保护人类的整体利益不受伤害，其他三条定律都是在这一前提下才能成立。

当然，这些所谓定律只是小说家的一种个人主观愿望，没有严格的科学论证，不能作为实践指导原则，但它客观上的确激发了人们对机器人伦理的广泛思考，有积极作用。

■ 例题分析

例题 1

【填空题】码垛机器人、喷涂机器人、焊接机器人等都属于__________机器人。

【答案】工业

【解析】工业机器人作为一种典型的机电一体化数字设备，被广泛地应用于各个制造领域，如码垛机器人、搬运机器人、喷涂机器人、焊接机器人等。

例题 2

【单选题】以下不属于工业机器人的是（　　）。

A. 喷涂机器人　　B. 真空机器人

C. 切割机器人　　D. 在线智能客服

【答案】D

【解析】喷涂机器人、真空机器人、切割机器人等都属于应用在智能制造领域的机器人，属于工业机器人的种类，在线智能客服属于服务机器人。

例题 3

【单选题】以下不属于服务机器人的是（　　）。

A. 用于做手术的医疗机器人　　B. 政务大厅里的客服机器人

C. 某网站的智能聊天机器人　　D. 汽车生产线上的喷涂机器人

【答案】D

【解析】汽车生产线上的喷涂机器人属于典型的工业机器人。

例题 4

【多选题】以下选项属于机器人在个人与家庭的应用的有（　　）。

A. 智能家居　　B. 智能信息服务

C. 智能娱乐　　D. 智能健康管理

【答案】ABCD

【解析】以上选项均属于机器人技术在个人与家庭的典型应用。

例题 5

【判断题】人工智能与机器人是两个完全相同的概念。（　　）

【答案】×

【解析】机器人与人工智能是两个不同的概念，但是它们之间又存在联系。简单来说，人工智能是一门综合性的科学技术，而机器人是人工智能的一种应用载体。

练习巩固

一、填空题

1. 20世纪中叶诞生的第一台机器人主要用于实现__________工作。

2. 负责机器人各类传感器信息的处理，并发出各类指令控制机器人完成各种任务的是机器人的__________。

3. 国家标准《机器人与机器人装备词汇》（GB/T 12643—2013）把机器人定义为："具有两个或两个以上可编程的轴，以及一定程度的__________，可在其环境内运动以执行预期的任务的执行机构。"

4. 按照机器人的应用领域、用途、结构形式和控制方式，可以将机器人分为__________和服务机器人两种。

5. __________机器人可以帮助人们提高生产效率，降低安全风险等。

二、单项选择题

1. 以下不属于机器人组成部分的是（　　）。

A. 控制系统　　B. 驱动装置　　C. 传感装置　　D. 外部设备

2. 关于机器人的控制系统，说法正确的是（　　）。

A. 控制系统可以帮助机器人处理获取的信息，并控制机器人完成各类任务

B. 只要具备控制系统，机器人就一定具备智能的能力

C. 机器人的控制系统只是负责控制机器人完成各类任务

D. 机器人的控制系统只是负责处理获取的信息

3. 用来给机器人提供动力支持的是（　　）。

A. 控制系统　　B. 驱动装置　　C. 传感装置　　D. 机械机构

4. 用来帮助机器人完成各种动作的是（　　）。

A. 控制系统　　B. 驱动装置　　C. 传感装置　　D. 机械机构

5. 用来帮助机器人获取外界信息的是（　　）。

A. 控制系统　　B. 驱动装置　　C. 传感装置　　D. 机械机构

6. 以下关于机器人的说法，错误的是（　　）。

A. 机器人可以应用到智能制造领域，帮助人们提高生产效率

B. 机器人可以应用到军事领域，执行特殊的高危任务

C. 机器人可以应用到航空航天领域，执行相关任务

D. 机器人的应用范围非常之广，发展前景非常广阔，我们可以无限制地发展机器人技术

7. 以下不属于特种机器人的是（　　）。

A. 军事机器人　　B. 消防机器人　　C. 码垛机器人　　D. 测绘无人机

8. 以下不属于医疗机器人应用场景的是（　　）。

A. 手术机器人　　B. 智能健康咨询机器人

C. 活动式病床　　D. 医用影像分析

9. 餐厅里的自动送餐机器人属于（　　）。

A. 工业机器人　　B. 服务机器人　　C. 特种机器人　　D. 码垛机器人

10. 下列不属于服务机器人的是（　　）。

A. 智能音箱　　B. 扫地机器人　　C. 看护机器人　　D. 装配机器人

三、判断题

1. 某个设备一定要具备智能化功能，才能被称为机器人。（　　）

2. 一个机器必须具备人形，才能被称为机器人。（　　）

3. 智能音箱也属于机器人应用的一种。（　　）

4. 人工智能是机器人技术的一个分支学科。（　　）

5. 我们既要注重发展机器人给人们带来便利，但也要注意对机器人的发展加以法律和伦理的限制。（　　）